混材
設計學

萬 用 事 典

Remix materials

設計師必備　最潮材質混搭創意 350

Chapter 1

百搭、不出錯的常用建材————

木素材

木 × 石

木 × 磚

木 × 水泥

木 × 金屬

木 × 板材

木 × 磐多魔

多變自然紋理、
溫潤觸感打造休閒居家生活。

Wo

天然木資源匱乏
以實木皮展現原木肌理紋路

木 素 材 運 用

趨 勢

透過鵝卵石與廢木二種複合材質與仿舊衍
生概念設計，將田野氣息搬進居家。圖片
提供_雲邑室內設計

　　散發著溫潤樸實氣息的木素材，一直是居家空間不可少的基礎材質，由於施作方便因此廣泛使用於居家空間。休閒居家風潮興起，家被視為忙碌現代人下班後重要的休憩場域，加上大環境的動盪也帶動一股生活回歸自然本質的現象，因此能將人從壓力中釋放出來的木素材，近年來受歡迎的程度更勝以往；但由於森林資源嚴重匱乏，原木價格也隨之節節攀升，

為了能夠擁有各種樹木的天然紋理，坊間開始尋找替代建材，將實木削成不同厚度的木皮薄片，再將木皮貼於木料表面運用於居家之中，是目前最能保有木素材自然紋理的作法，同時也能減少原木資源使用。製作做成實木木皮常見的木種有橡木、柚木、梧桐木、栓木、梣木、胡桃木等。

回歸自然風潮興起

不同海拔地域環境養成多樣的樹種，而木素材有趣的地方正是在於多變豐富的木紋及深淺色澤表現，然而早期喜愛完美無瑕疵的木素材質感，追求木紋對比反差低、表面平整沒有樹結的木素材，並且施作時木紋還需方向一致，但過於講究呈現工整對紋不但容易造成木料的浪費，也難免使空間略顯呆板單調；近年來環保意識抬頭，現代人愈來愈能了解略有差異的木紋和色澤皆為樹木自然成長的表現，不再刻意追求對花對紋的完美表現，反而希望選擇紋理不規則、對比明顯的木材，或者混合搭配不同特色木紋的木素材，拼貼出獨特的藝術圖騰。

延續貼近自然環境的空間潮流，木素材除了著墨在不同樹種的木紋表現，更進一步以現代技術處理表面，創造更豐富的木素材質感變化，像是「風化板」是以滾輪狀鋼刷機器磨除木素材紋理中較軟部位，以增強木素材的觸感質地與鮮明紋理，近年獲得國人高度的青睞。回收二手舊木也是另一種環保的木素材使用方式，利用拆除自廢棄舊房舍的樑柱、門窗、壁板、地板等木構造，經過清洗、拔釘、去漆、打磨等步驟，再依新空間需求搭配再次利用，能夠營造出懷舊的空間特色。而早期常用來作為結構的夾板，近年來也因為要表現原始純粹的居家質感而被直接運用，大多挑選表面較為細緻、木紋較清晰的木夾板，並不再加以上漆或貼木皮裝飾，讓結構即為完成面。這種表現手法目前在台灣、日本及韓國都蔚為潮流。

胡桃實木表面鋼刷舖陳的玄關牆，廚房轉折進臥房區的天然漆佈橡木牆，還有透過茶玻看見的起居室胡桃木牆，木質在開放空間裡以不同質感呈現，展現木素的多元、變化。圖片提供_非關設計

色澤紋理表現豐富
輕易創造多元居家風貌

木 素 材 解 析

特 色

以風化梧桐木、緞翅木、柚木製作的客廳背牆，使用整塊原木裁切的木皮，表面做出立體感，宛如一件浮雕作品。圖片提供_Parti Design Studio

　　天然的木素材不但觸感溫暖更散發原木天然香氣，而樹木製成木料後仍擁有調節溫濕度的特性，當空氣濕度過高能吸收多餘水氣，反之則會釋放水氣，因而能打造出溫馨舒適的居住環境。樹木的種類多樣，不同樹種皆擁有獨一無二的肌理紋路及色澤質感，而且包容性強可輕易搭配各種不同材質（石材、鐵件等）適度平衡空間調性，同時木素材施作加工容易，無論

是塑形或者是表面處理（上色、上漆、風化、貼皮等）技術也都發展相當成熟，因此在居家之中運用層面相當寬廣，包括地坪、天花、壁面或櫃體甚至製作成傢具，呈現出多元風格面貌，在居家空間中相當受歡迎。然而木素材怕潮濕也較不耐撞，因此使用木素材防潮防水工程一定要做好，選擇經過良好加工處理木材，以免發生因潮濕而變形的現象，平時使用時則要特別注意遭硬物撞傷。

優點

取之於自然樹林的木素材具有吸收與釋放水氣的特性，能維持室內溫度和濕度，加上木材天然氣息因此能營造健康紓壓的居家環境；由於木素材取材及施作較為容易，加上紋路顏色多樣變化，是可塑性極高又能展現豐富風格的材料。

缺點

由於台灣屬於較潮濕的海島型氣候，如果居家處於溫濕度較高的環境，或者空間本身沒有做好防潮處理，木素材很可能發生難以處理的發霉及曲翹變形的現象，甚至會產生令人頭痛的白蟻，因此空間採用木素材時，防潮除濕的工作絕不能忽略；木素材另一個缺點是不耐刮，要儘量避免尖銳東西刮傷表面，像是搬動傢具時務必抬起再移動，以免在木地板留下搬移的痕跡。

搭配技巧

· **空間**／木素材本身溫暖的特性，相當適用於講求休閒舒適的居家空間，較常使用在客廳、書房、臥房牆面及地面，或者櫃體門板及天花板等，但因為木素材不耐潮、不耐撞，較不適合使用在廚房及衛浴。由於木素材種類相當豐富，在選用木素材之前不妨先進一步了解質地及特色，較能呈現心目中理想的木空間。

· **風格**／依照不同樹種的色澤、木紋能搭配呈現不同的空間感受，像是柚木、檜木或者胡桃木色澤較沉穩，適合表現日式禪風；而栓木、橡木、梧桐木等紋路自然，可以用來表現休閒、現代等居家風格。

· **材質表現**／一般來說木素材經過簡單的表面處理，以呈現天然木紋為主要表現，也可透過加工處理打造不同的木質效果，如以鋼刷做出風化效果的紋路，或是染色、刷白、炭烤、仿舊等處理也很常見。

· **顏色**／木素材顏色搭配沒有絕對的公式或標準，但不同深淺的木素材的確能表現不同的空間印象，常見木皮顏色由淺到深，有櫻桃木、楓木、櫸木、水曲柳、白橡、紅橡、柚木、花梨木、胡桃木、黑檀等幾種。大致來說淺色木素材能表現清爽的北歐空間感或是現代簡約的日式無印感，而較深色的木素材較能表現具休閒感的東南亞風情，或典雅的中國情調。

藉由不同的拼貼方式，也能給予木素材更多不一樣的豐富表情。圖片提供＿六相設計

木素材混搭

木 × 石

現代人因生活步調緊湊、忙碌,加上身處水泥叢林的都會生活中,與大自然逐漸疏離,因此,許多人在回歸居家後特別渴望能擁有一個無壓力的私人天地。為落實此一設計目標,自然材質長期以來就是居家空間的主流建材,其中又以觸感與紋路均能展現柔和感的木材質最受歡迎。而同樣也深受國人喜愛的石材則是另一自然材質的代表,如天斧神工的藝術紋路,加上穩重、堅固的質地感,常被用來突顯空間的安定性與尊貴感;除了天然石材,還有其他如文化石與抿石子、磨石子等人工石材可供選擇,也能展現不同情調與風格。

由於木質與石材都是天然素材,無論是種類或是本身的紋路變化都相當豐富多元,二者交互混搭後則可變化出深、淺、濃、淡各種氛圍,同時木材質還可搭配染色、烤漆、燻染、鋼刷面、復古面……各種後製處理來增加細膩質感與色調;至於石材則可在切面上作設計,讓石材呈現出或粗獷或光潔等不同表情,綜合種種,基本上木與石的混搭是最能展顯出自然、紓壓空間的搭配組合。

木與石都是天然素材,種類與本身紋路變化豐富多元,二者交互混搭後可變化出深、淺、濃、淡各種氛圍。圖片提供_近境制作

施 工 方 式

圖片提供 _ 近境制作

木 × 天然石材

　　木作是室內裝修工種的大項目，也是支撐許多設計的結構主體，而天然石材則多半是作為裝飾面。此外，需要考量的是一般石材本身較為脆弱，在施工過程容易刮傷、碰損而需要更多維護，加上石材價位高於木料，而且木作修補上較方便，但石材修護較困難，所以工序上木作會優先進行完成後，再來作石材的鋪貼，甚至一般最常見的石材電視牆也是以木作角料作結構，再作固定施工。

木 × 磨石子、抿石子、文化石

　　至於磨石子、抿石子與文化石的施工方式則與天然石材不一樣，其做法是屬於泥作類的工法，加上這類材質很容易維護，不需擔心會有受損破壞的問題，因此，施作的順序通常會排在木作之前，而且這類石材若與木作直接結合，有可能需要利用五金來強化結構，同時也要特別注意二者之間的點、線、面接合處，並藉由尺度的精準來呈現設計的細膩度。

收邊技巧

木 × 天然石材

　　木作與天然石材的收邊技巧，最重要的就是要注意精準度，尤其在收邊的接縫處要講究密合度與平整度，最好是可以用手觸摸感覺觸感，避免有凹凸不平的現象，或者會造成刮傷皮膚的問題。較講究的收邊做法會在石材以水刀切割導出圓角，展現出更細緻的作工，而且切割角度與拼接的角度都要精確，如此才能確保設計與施工的品質。至於實木同樣也會導角，而木地板的收邊則可運用包邊條或壓條來處理。

木 × 磨石子、抿石子、文化石

　　磨石子或抿石子是早期台灣洋房室內戶外常見工法，除了平鋪的設計，還會以人工創造出線條或圖案，而在收邊的技法上要注意轉角的平整度，若是抿石子則要考慮碎石的形狀以圓潤、扁平為佳，減少尖角的石子容易發生掉落、割傷的問題。

　　至於文化石的工法及收邊則有如磁磚，須注意表面的完整性，避免不當切割造成畫面的突兀，另外若牆面為落地設計，可在下方作踢腳板設計，以免因文化石粗糙面而有碰撞的危險。

計價方式

石材多以才、坪，甚至有以公斤計價，依使用之石材種類價格的計算也有所差異。
木材有以片、坪計價，需依使用之木素材計算價格。

木 × 石

空間應用

不同材質共同展演
仿舊年代氛圍

大面積延伸的煙燻文化石摹擬古紅磚的滄
桑氣息；斑駁的超耐磨木地板就像是踩下
去會咯吱作響的老舊木地坪，雖然材質質
地相異，但利用同樣具有歷史年代感的元
素，替空間營造出獨特的仿舊年代氛圍。
空間設計暨圖片提供_浩室設計

不規則蘭姆石牆表情自然生動

客廳背牆以蘭姆石組成，並呈現不規則排
列組合，相較於大塊蘭姆石牆的完整性，
裁切加工過程更費工時，但也讓蘭姆石紋
理發揮自然生動的表情，加上蘭姆石厚薄
不一，背牆形成些微的進出面，增添空間
立體感，更加跳脫留白的冰冷調性。圖片
提供_相即設計

陽光親炙木石質材，
呈現更生動的光影

在入口與餐廳的軸線上，藉由岩壁般的石皮牆取代冰冷無感情的建築立面，將陽台內推規劃，兼之以玻璃隔牆的透明設計，弱化室內外的界線；加上L型開窗引進更多面向的光源，使得室內牆面與地面的木、石材質得以獲得陽光親炙，也使室內的自然光影更加生動。圖片提供_近境制作

板岩石片營造
度假氣氛

電視牆腰帶採用板岩石片堆砌而成，是牆面空間設計重點所在，藉由排灣族的原住民風設計，可營造度假感。搭配壁櫃之後，除了可避免使用太多石片，更能產生漂浮起來的輕巧情境，並與矮櫃交互作用，隨光影增加生活的溫度並提高生活實用機能。圖片提供_相即設計

拼接的細節，創造
出更多設計美感

愈是開闊自由的空間，愈應該注重設計細節，為了讓開放
的大廳有內外區隔，地坪以同色系石材與木地板拼貼，隱
約區隔出玄關與餐廳的領域感，搭配輕盈的鐵件吊櫃則有
層次變化。此外，木地板與牆面石皮之間也間隔以部分鏡
面材質，如此設計讓地坪的視覺向鏡內延伸，創造更寬廣
的空間感。圖片提供＿近境制作

聖誕樹造型石牆
善用隱藏技巧

以石材展現大器的客廳，設計特別用心之處在於，整個牆面拼貼像是聖誕樹造型，並為了保持牆面完整性，牆面不加裝電視機，改採隱藏式投影幕，另外電視牆經常搭配的電器收納櫃則以黑色帶狀的內凹槽取而代之，因此在選擇DVD等影音設備時，應以黑色式樣為宜。 圖片提供_相即設計

內推陽台納入更多石、
木與自然元素

因期望在城市中也能享有自然光影，刻意將陽台作內推，好讓出更多空間給自然，也讓屋主可以真正走進自然景域中。為此設計師在陽台安排了石皮岩片、實木條與木地板的鋪陳，使天、地、壁更貼近自然的真實表情，再加上伸手可及的植物、石、風、光影等元素，誰說城市只有鴿子籠呢？圖片提供_近境制作

粗獷石皮與生動木結，
勾起自然界的對話

開放自由的大廳隨著石牆餐廳與木牆電視吧檯二大主題，
做雙軸展開的精彩排列，這足以分庭抗禮的雙大主軸，單
獨看來均已足夠經典，而共聚一室時又能如此相得益彰，
主要在於材質的挑選，粗獷而原始的石皮恰可與靈動活潑
的橡木木結木皮產生對話，引領居住者進入自然、療癒的
和諧境界。圖片提供_近境制作

木石反襯，對比出
空間溫度與質感

為了讓臥房具有舒眠減壓的空間感受，在
臥眠區除了鋪以深色木質地板外，透過屏
風玻璃引進隱約光源，還適度擺設原木藝
術作品；但轉進衛浴區則改用冷調的石紋
鋪設牆、地面，透過建材轉換達到明確分
區及冷暖反襯的設計效果。圖片提供_近
境制作

灰色文化石牆個性
低調感

常見的文化石多以磚紅色營造古早味的磚
牆形式，抑或以白色文化石帶出北歐簡約
風格，這個空間則是挑選灰色文化石，展
現屋主個性化的一面。圖片提供_相即設
計

以清新木石色調佐味，
襯托出食物美色

利用一座白栓木集成材打造的中島吧檯，
作為工作區與用餐區的界定點，同時以銀
狐白石材包覆簡約的ㄇ字型大餐桌，讓木
與石的清新色調襯托食物美色，並可與廚
房內墨綠、紫紅跳色的櫥櫃色調搭配，呈
現時尚優雅美感。圖片提供_邑舍設計

原木搭配文化石牆，
展現暖調居家

考量貓咪家人，選用抗磨擦超耐磨地板，
並將舊式冷氣孔改為貓掌造型增添趣味。
立面採用文化石與鋼刷橡木共構樸拙、釋
放悠閒。文化石窯燒後會殘留些許粉塵，
鋪貼完成再噴一道白色乳膠漆就能化解污
染問題。安裝開關面板前，也預先在實牆
釘出框架，避免打洞在石面上所可能造成
的不平整。圖片提供_杰瑪設計

木 × 石

回歸純粹，異材質成就
家的個性與味道

———————

H O M E   D A T A

地點 新北市｜坪數 約45坪｜混搭建材 磨
石子、胡桃木皮、栓木皮、柚木｜其他素
材 實木地板、塗料、清玻璃、鍍鋅鐵板、
白色長型磁磚

文 余佩樺
空間設計暨圖片提供 開物設計 Ahead Design

急速的世界讓人更渴望回歸寧靜與純粹，特別是在回到家之後，簡單不造作的生活空間，能讓人放下一切，輕鬆自在過生活。這間位在新北市的個案，屋主的身分特別，是水泥文創產品的設計師，在規劃前就期盼能在不過度裝飾下完成裝修，於是設計師便試圖從貼近屋主的生活需求來做規劃，可以看到空間中沒有刻意使用裝飾材來修飾，天花板沒有特別做包覆，自然裸露橫樑、消防水管、冷氣管等，透過塗料修飾，同一色調還給天花最自然的味道。

　　為了降低空間的複雜感，楊竣淞設計師以色塊概念來做詮釋，所以空間會出現連續與不間斷的材質平面，在這樣的表現下，材質作為最直接的裝飾，也帶出獨特的觸感與況味。最明顯的例子就是在客餐廳區，運用磨石子呈現出一個面寬近10米的牆面，獨特的施工技術，不但讓牆面沒有分割，同時還能因材質本身、施工力道，製造出深淺不一且自然的肌理與色澤。

　　大面積磨石子牆的表現，對應而生的則是以實木、木皮所呈現的地坪與其他牆面，楊竣淞說，擔心空間會過於冰冷，於是藉由木質感的溫潤平衡整體調性。無論實木還是木皮，以最簡單的拼貼工法，將木材質最自然的紋理呈現出來。空間中也特別做了許多留白，讓屋主不只可以用傢具鋪陳整體，也能將自己的蒐藏小物擺放於其中，增添屬於家的個性與生活味道。

① **人字拼貼突顯最純粹的材質表現** 為呼應整體空間風格，地面材質以柚木實木地板為主，刻意不上任何顏色，就是要突顯最天然的色澤，再使用人字拼貼手法，不但成為空間醒目的主角，展顯出最純粹的材質表現。

② **塊狀呈現連續與不間斷的材質平面** 空間以材質做鋪陳，色塊製造出連續與不間斷的材質平面。要製造這樣的效果，對應材質也有不同做法，為了讓磨石子能大面積呈現，除了水泥、七里石、海菜粉外，還多增加黏著劑，提升黏性也減少裂痕產生；至於木質部分則是做等分切割，讓紋理、色澤有秩序的產生，而不會增加凌亂感。

③ 不同方式讓材質接軌形成另類收邊 相異材質交互在一起，做工是否精細端看收邊處理。設計者在天花板與磨石子牆之間，採預留2cm空間方式，取代繁瑣的收邊處理；當磨石子牆與實木地板相接軌，則是採用上膠接合。不同的處理方式，卻能做到另一種細緻的表現。④ 塗料強化不包覆與裸露特色 天花板、管線都以不包覆特色來做呈現，一來維持空間寬闊感，二來也能符合屋主減少裝飾的需求。為了讓天花板看來更一致，管線特別刷上白色塗料，讓視覺多了點玩味，也讓向來硬冷的管線有了不一樣的變化。

⑤ **復古傢具帶出樸實的老派味道**
空間中的傢具多半是屋主的蒐藏，
像是皮革沙發、鐵製餐椅等，這些
都帶了點復古味道，簡潔乾淨的色
系、造型與材質，與整體味道很契
合，甚至還帶出了樸實的老派味
道。⑥ **大面積單一呈現塑造色調一
致感** 臥房裡無論牆面、地板都以木
素材為主，這樣大面積以單一材質
呈現為主，可以塑造出一致性的色
調感，當擺入其他傢具時，能夠發
揮出大地色系的穩定效果。

⑦ 玻璃拉門創造彈性隔間與空間 空間與空間之間，為求
保有獨立與私密性，特別以拉門來做環境間的界定，不
但能創造彈性隔間也能製造出不一樣的空間效果。拉門
以鐵件結合玻璃為主，即使玻璃拉門隔間拉起時，室內
明亮度依然能維持。⑧ 俐落材質加強不造作的設計感受
仔細看，會發現廚房牆面運用了兩種材質，左邊烹調區
以白色長型磁磚為主，另一邊洗手槽區則是以清玻璃為
主，透過簡單的分割線條表現，創造不一樣的視覺效果
外，也加強了不造作的設計味道。

⑨ **鍍鋅板當外衣讓柱子既美觀又實用** 再一般不過的鍍鋅板經過打孔洞處理後，在兩側做了拗折處理，就像外衣一般黏貼於柱體上，由於鍍鋅板上有孔洞，因此可以作為另類展示牆，掛畫、掛蒐藏小物都不是難題，兼具美觀與實用功能。

⑩ **將無距離感材質概念延伸至餐桌椅上** 或許是因為屋主為水泥文創品設計師，所蒐藏的傢具在材質上觸感豐富也沒有距離感。餐桌就是木與不鏽鋼的結合，對應兩側的餐椅均是鐵件材質，其中一款在椅背、座椅上加入木片，彼此相融合毫不突兀，也再次看見異材質混合的美麗。

木材混搭

木 x 磚
———

木素材天然且表面具有紋理，不論是視覺或者觸感，皆具備紓壓與溫潤質感，也因此受到多數人喜愛，更被廣泛地使用於居家空間。磚材之於空間的使用，則仍停留在過去運用在地坪，或者較容易潮濕的廚房、衛浴等空間印象。其實，隨著印刷技術的演進，磚的種類與花色有了更多選擇，運用手法更是跳脫過去框架，有更多元化的發揮。

至於木素和磚材這二種相異材質，如何在同一空間裡和諧並存，需先從確立空間風格開始，如質樸的陶磚與木材做搭配，最能展現具田園氣息的鄉村風，喜歡自然元素，又希望與鄉村風做出區隔，則可以仿石類型的磚材與木素材做搭配，為空間注入療癒、紓壓的自然原素；表面帶有光澤的磁磚具反光效果，適合線條俐落的現代感空間；過去做為結構體的紅磚，現在也逐漸傾向不再後製加工，藉其樸拙特質與木素材共演具歷史感的復古味。

木和磚的搭配除了面料與材質的考量外，磚材的尺寸大小與拼貼方式也是展現空間風格重要的一環，藉由設計師的巧思，有更多樣的組合與運用，也讓木與磚的空間搭配更精采。

不多加修飾的粗獷紅磚牆搭配天然的木素材，替整體空間營造出自然、質樸感受。圖片提供_東江齋空間設計　攝影_王振華

施工方式

　　磚的材質及呈現方式，大致分為二類：一是透心石英磚，以單一材質，一開始就與色料混合好，整片磚配方從一而終，比方固定加入石英、雲母類或複合其他材質，一次經過混料、壓製、燒結與加工完成，像是馬賽克、拋光石英磚。另一種為不透心磚：表面為施釉型的，也可再做一次加工或二次下料，或經過施釉、上釉的著色處理，像磁磚及石英磚等，可依居家空間風格自行選擇適當的磚材。磚的施工方式雖不會因材質而影響施工方式，但卻會依磚材貼覆的位置而有施工方式的差異，一般若貼覆於牆面時，大多會使用乾式施工，增加其附著力避免有掉落的危險，至於地坪的磚材則沒有掉落危險，因此大多採濕式施工居多。當磚與木做搭配時，因磚屬於泥作工程，因此通常先會先進行磚材施工，最後再進行木作，二者若同時做為地坪建材搭配時，施作完鋪磚工程後，木地板需配合磚的高度施工，以維持地坪的平整。

收邊方式

　　由於施工順序關係，因此通常在木和磚交接處，會由木素材以收邊條做收邊處理，收邊條的材質目前有 PVC 塑鋼、鋁合金、不鏽鋼、純銅到鈦金等金屬皆有，考量到木素材搭配性，也可以選用木貼皮或者實木收邊，讓視覺看起來更為美觀與協調。

計價方式

磚：約 NT.4,000～8,000元／坪（依磚的款式及產地不同，含工帶料）
木：視使用種類計價。

木 × 磚

空 間 應 用

在異中求同感受對比魅力

超耐磨地板因銜接了公、私動線，所以應用
佔比略高。加上壁爐採用類似國畫線條的「潑
墨山水石」，更讓深色印象佔了上風。但淺色
復古磚的餐廚區，結合了木感廚具，又有仿
真石紋呼應，模樣清新可人。客、餐廳透過
對比，在開放場域中各領風騷，卻又藉素材
紋理質感歸同於自然主題中，動靜皆宜的空
間魅力不言而喻。圖片提供_尚藝設計

1/3 比重，讓磚與木共構優美餐櫃

為修飾天頂大樑，利用對稱造型餐櫃轉移視覺
焦點。方整的結構體，先以白色與清玻璃兩
元素降低櫃體厚重，再於中央鑲嵌一堵橘色
系磚板對比出質材落差。呼應花磚紋理，檯
面使用拼接效果明顯的集成木增加實用性，
燈罩式層板除了可加強造型層次變化，也讓
櫃體輕盈度加分。圖片提供_尼奧設計

新舊交融激盪衝突美感

商空以雙層複合式結構組成，營造出類似戲劇
舞台的空間效果。二樓利用紅磚牆配拱窗，
與建物本身外露的結構鋼樑、人字拼貼木地
板，共同激盪濃厚懷舊氛圍。搭配交叉造型
的黑鐵件玻璃圍欄，使整體印象又保留了些
許的現代感。圖片提供_汎得設計

紅磚與木組構懷舊
氛圍

沙發背牆砌好紅磚後，便不再填縫，而是
保留原有的溝縫，透過紅磚牆的自然原始
質感，與木地板的自然元素做連結，營造
出溫暖的復古懷舊氛圍。空間設計_韋辰
設計

多一塊，地坪
銜接更完美

開放式餐廚利用噴金屬漆並綴飾八角螺絲
的手法突顯大樑，自然形成兩區分界。地
面以略帶反光質感的石英磚鋪陳，輔以鐵
件框邊的清玻拉門，與鋪設海島型地板的
書房做出區隔。收邊時刻意將木地板往外
多鋪一塊；不僅能擴充書房寬敞視覺，也
讓磚地面多了框邊效果。圖片提供_杰瑪
設計

「白」與「鏡」，
讓花磚地清爽宜人

為使空間濃淡有致，立面採用純白木板材與藤色塗料牆面搭配，伴同鏡面延展景深，迎入明亮光線及開闊氛圍。地面採用銘黃色系地磚與超耐磨地板相銜，使淺色居家多了穩重；而錦簇的拼花圖紋，則替美式古典風格加注更多柔美氣息。圖片提供_尼奧設計

冷色廚房以彩磚
點綴溫暖

湯水油煙頻繁的廚房，延續客廳區相同語彙，將藍色復古陶磚及灰綠色板材引入使用；磚與木皆帶灰的色調，不但使空間有沉穩感，也不易顯髒。櫃體中間牆面，以女主人喜愛的進口小花磚為設計重點，再延伸出素面的彩磚作周邊搭配，佐以黃色嵌燈的柔化，替冷色系廚房增添溫暖感受。圖片提供_尼奧設計

木 × 水泥

　　木素材和水泥基本上是構成空間的結構材料，卻有著截然不同的特質，來自於樹林的木素材質地溫和、紋理豐富，給人溫暖放鬆的感覺；自石灰岩開採製成的水泥成形後質感冰冷，傳遞永恆寧靜的氛圍，這二種素材皆取自於自然，雖然特質不同卻同樣散發著純樸無華的質地。但灰色的水泥若表面沒有施作任何裝飾材，呈現一種未完工的感覺，早期並非一般居家能接受，隨著近年工業風、Loft風等講求樸實、不刻意修飾的空間風格潮流影響，水泥原始質樸的色澤反而廣受喜愛。

　　若就水泥表現特性來説，運用在居家空間之中過於冷靜理性，加上水泥施工上有一定的難度，對於細節表現的靈活要求常不盡理想，因此與自然溫暖的木素材搭配，正好緩和水泥的冰冷調性，並可彌補水泥缺點。一般來説水泥因施作工法需架設板模灌漿塑形，適合大面積或塊體使用，因此大多運用在牆面、地面及檯面，而木素材施作較容易，變化也較靈活，大多以櫃體、門板及傢具的形式與水泥搭配，調合出單純樸實的現代空間感。

木材和水泥這二種素材皆取自於自然，雖然特質各自不同卻同樣散發著純樸無華的質地。攝影_Yvonne

施工方式

　　木素材運用的層面廣泛，目前為了讓施工及運送方便，大部分都先製成一定規格尺寸的基礎板材，然後再進行後續的加工部分，除了實木是將樹木直接鋸切成木板或木條加以運用，其他合板大多都需要製作成形再貼皮使用。

　　水泥視呈現效果及施作位置，加入不同比例的水、砂、石混合成混凝土再加以運用，做為空間結構或檯面時需經過製作板模、灌漿澆製然後拆模等成形動作，由於水泥隱藏不可控制變數，製作傢具或檯面必須講求設計及施工的精準度。施作於地坪時，要注意施作前的清潔及基地的濕度、粗胚打底和粉光層的厚度等施工細節。

　　了解木素材和水泥特性後，即可明白這二種素材的搭配施工的先後順序，由於水泥施作難度高，修改調整靈活度低，大致上來說應先施作水泥部分然後再木作，施工前需事先詳細規劃施作步驟，精算並預留結合木作的位置尺寸，等到拆模後才會有完美的結合。

收邊技巧

　　基本上以水泥製作傢具或檯面會採用清水模工法施作，為了讓水泥結構作為完成面，檯面大多有精準的轉角切面收邊，若是在水平面預留與木素材接合的位置，會將事先預製的木作以膠合方式與水泥貼合，與木作切面完整貼齊，呈現材質原始接面不刻意收邊。

　　木地板因氣溫或濕度自然收縮膨脹，因此在水泥地坪上施作木地板時會預留8～10mm伸縮縫，收邊主要目的為美化木地板預留的伸縮縫。木地板大致有3種收邊方式：1.填縫劑又稱矽利康：防潮性較好，施作邊角等小角度容易，但無下壓性適用較平整的地面，在8～10mm伸縮縫採用填縫劑銜接牆面與地面，質感和色澤上會有些微落差，儘可能搭配與木板或牆面相近的顏色。2.踢腳板：材質上有分塑膠、木質和發泡，具良好的下壓固定性，使地板收邊較為紮實，遇到櫃子無法使用踢腳板整體感較不連續。塑膠踢腳板彈性較佳遇到不平整牆面服貼度較好，木質踢腳板因為比較沒有彈性，適合施作在整平過的水泥粉光地坪及牆面。3.收邊條：收邊較細緻適用在全室地面，遇到櫃體周圍也能收邊，但下壓性較沒有踢腳板那麼好，因此也適用於整平的水泥粉光地坪及牆面，如果遇到稍微歪斜的水泥牆面，可用透明填縫劑補強。

計價方式

水泥／坪：NT.約3,000～4,000元／坪〈含工帶料，不含地坪的事先修整〉
水素材／坪：大多以坪計價，價格依木種不同而有價位上的差異

木 × 水泥
空間應用

大尺度讓Loft宅氣勢更磅礴

利用大面積的水泥粉光地板襯底，天頂部
分則刻意塗黑再上6根木樑，最後融入三
大片仿舊倉庫概念的杉木門片，住家立刻
有了鄉野風味。而捨棄細瑣、加大尺度的
規劃手法，不但成功保留了寬闊感，也讓
空間利用蘊含更多可能。圖片提供_尚藝
設計

泥色與黑白，打造裸妝空間

先以水泥牆面與地板作鋪陳，打造一處無
多餘色彩的裸妝環境，實現屋主對於簡單
空間的嚮往。接著在偌大牆面上以黑、白
色烤漆的木板作橫豎雙向交錯設計，特別
是以厚實的縱向木板嵌入牆面，再將橫向
板以不接牆方式跨在白色木板上，好讓上
端光源可流洩而下。圖片提供_邑舍設計

木 × 水 泥

混材發揮出精緻藝術的頹廢表情

H O M E   D A T A

地點 台北市│坪數 約80坪│混搭建材 實木、廢木料、清水模│其他建材 木皮、鐵板、玻璃、H型鋼、磐多魔

文 蔡銘江
空間設計暨圖片提供 雲邑室內設計

充滿了工業頹廢風格，卻融合了現代感十足、又帶點繽紛顏色的傢具，這間座落於台北的兩層樓中樓空間，融合著許多設計元素，設計師大膽創造出自然不做作的原始牆面，並巧妙的運用燈光與線條元素，讓這十多年屋齡的房子，散發著一股獨特的美學氣息。

　　整個一樓空間為半開放式的公共區域，包含客廳、餐廳、書房和廚房，為了抓住客廳的主光線，設計師以清水模作為牆面，再以玻璃和鐵包木皮打造一座質感十足的樓梯。通透的玻璃材質，讓光線更可以恣意流動。由於屋主喜愛工業風格，設計師以石材、木料來呈現工業面貌。客廳的工業表現，一路延伸至餐廳，以一片有鏽感的三角鐵板豐富了天花板的層次，讓線條更具立體感。

　　書房的一片三角窗有著好採光，用活動折門與餐廳分隔，讓書房的光線可以引入餐廳區，在活動折門的運用上，則以霧面透光材質，透過光線產生剪影，增添空間的美感與趣味性。走進書房，是一片鵝卵石鋪陳的牆面，天花板用一根根的廢木料，打破有秩序且甜美的鄉村風格，是一種濃郁自然氣的田野鄉村。

　　來到二樓是極為典雅的英式氛圍，廊道以整個系列的線板從地板延伸至天花板，廊道盡頭是一個較為狹小的私領域起居空間，設計師讓紅磚裸露，再刷上三至四層的顏色，與一樓較為灰階的的色調相比，二樓所呈現出的是屋主的生活精緻度，再搭配燈光情境的展現，打造出多變、具電影場景般的美型居家。

① 粗獷與輕盈材質結合，展現空間的豪放與細膩 以清水模鋪上整片主題牆面，樓梯頂端以Ｈ型鋼讓空間變得有力道，搭配玻璃材質的樓梯扶手，呈現空間的細緻感。

② 大膽讓鐵件成為天花視覺，用木平衡空間溫度 打破天花只能運用線板的傳統設計，以一片鏽蝕鐵片作為天花的主視覺，再搭配木質材讓空間取得視覺與溫度的平衡。而在軟件搭配上，以輕鋁材質的餐椅平衡天花板的重鐵件，在天花刻意不協調的架設中，展現出整個餐廳空間的強烈工業視覺。

③ 紅磚與線板協調出英式小酒館風格 二樓的私領域空間，大量運用具質感的英式線板組成長廊，而起居空間運用大量紅磚，讓氛圍徹底脫離工業風格，帶出濃郁的英倫小酒館氛圍。 ④ 清水模與鐵件，讓客廳大器俐落 客廳由於具有挑高空間的良好採光條件，以大量清水模與H型鋼條來營造公共空間的俐落線條，而樓梯板使用木材質給予屋主往二樓私領域的過程中，透過腳底的觸覺釋放心靈。

⑤ **霧面玻璃與木材質讓開放空間更為動感有故事** 在書房的門片上，設計師以霧面玻璃拉門作為區隔素材，透過燈光的折射，不僅能讓旁邊的木質收納櫃更具質感，同時也能看見書房裡家人的活動影像，讓空間更具有動感與故事性。⑥ **軟件色調讓工業粗獷變得精緻俐落** 整個公共空間雖然極具工業風格，但透過與建材同色系的軟件搭配、玻璃穿透性以及光線的折射，讓整個空間變得更為精緻俐落，也讓工業風格成為一種藝術氣息濃厚的氛圍。

木 × 水泥

藉由純粹原始的自然素材，營造自由無拘的居住體驗

H O M E D A T A

地點 台北市 | 坪數 38坪 | 混搭建材 粉光
水泥、木材 | 其他素材 烤漆鐵件、海島型
木地板、橡木山形、鐵件、玻璃、杉山實
木

文 陳佳歆
空間設計暨圖片提供 石坊空間設計研究

從花蓮移居台北的年輕夫妻，倆人皆從事藝術相關工作，即使知道無法像以前一樣擁有開闊的居住環境，仍希望空間擁有純粹自然的空間感，因此設計師運用循環動線以及質樸的粉光水泥與木材質，傳遞屋主所期待的自在無拘生活感。

除了女主人有畫室需求外，也希望為往後留宿的朋友留個空間，於是設計師在空間創造大大小小的回字動線，每個空間皆能彼此串接相通，讓自在行走的路徑帶動居住的自由度；由於空間只有單面採光，便根據夫妻倆人的生活習慣，將較常待的畫室及起居室配置在光線較佳的靠窗位置，並以架高的水泥粉光地坪串聯，同時增加拉門設計使起居室也能作為客房使用；客餐廳及主臥則選擇鋪設抗潮又不失溫潤觸感的海島型木地板，即使隨興的赤腳行走也不覺冰冷。

屋主特別重視衛浴空間，同樣期待延續在花蓮時的沐浴體驗，讓泡澡淋浴時都能臨窗賞景，整體衛浴空間同樣使用粉光水泥搭配木素材，簡單質樸的材質投射出大自然的環境氛圍，身心也因此而得到全然的放鬆。

① **簡單清水模矮牆扮演多重機能** 開放式設計的公共空間以清水模矮牆滿足空間需求同時引導動線，其中一面增設桌面作為吧檯使用，另一面則作為電視牆，矮牆高度不遮住視線，使整體視野保有開闊感。公共空間並以矮牆為中心創造循環的回字動線，以串聯其他空間場域。

② **活動玻璃拉門適度保有空間隱私** 屋主希望在家裡為好友留下一個偶爾留宿的空間，架高式的起居空間搭配拉門便能跟隨使用需求機動性的調整，拉門以直條壓紋玻璃材質打造，即使關閉也不會阻礙單面採光的光線進入，同時仍維持空間的獨立性。

③ **透光玻璃與反射鏡面讓衛浴清爽明亮** 衛浴除了採用粉光水泥與木材營造舒適自然的空間感之外，利用玻璃拉門區分乾濕區域，即使沐浴關上拉門時同樣能透入自然光線，局部牆面安裝的鏡面不僅可以作為全身鏡使用，更可以反射光線提升衛浴空間白天時的明亮感。 ④ **運用水泥及木材質地坪傳遞質樸空間感** 為了在居住空間內營造單純質樸的感受，選擇呈現原始質感的粉光水泥與具有溫潤觸感的海島型木地板作為整體地坪材質的搭配，透過這二種簡單並不加以裝飾的材質，讓空間傳遞出有如親近大自然木與石的空間感。 ⑤ **用單純材質打造盡情揮灑的畫室** 畫室延續起居室的架高粉光水泥地坪，與起居室之間以布簾相隔，簡單的材質與充足光線交會出自然無壓的創作環境，設計師希望畫室的天地壁都如同畫布般，讓女主人能在簡樸的空間盡情發揮不用擔心弄髒，最後空間也會成為生活累積的作品。

⑥ **水泥臥榻起居空間創造多元空間可能性** 空間並沒有特別規劃出客廳，而是在靠窗的位置以水泥粉光規劃架高的起居空間，來作為平時用餐、工作或者與朋友聊天聚會的地方，臥榻式設計能以輕鬆的姿勢或臥或躺，呼應材質與動線的自由自在，營造舒適無拘的居住空間。⑦ **鐵件烤漆書架勾勒空間細膩感** 牆面書架以烤黑漆鐵件打造，以秩序方式勾勒出水平垂直分割線條，呈現細膩精緻的視覺感，局部鐵件融入水泥及木材質，讓自然溫暖的空間中增添些許粗獷氣質。

⑧ **主臥材質搭配延續整體的一致性**
將休憩為主的主臥配置在光線微暗
的空間內側，不讓光線影響睡眠；
主臥充足的空間即使未來增加了家
庭成員，擺放娃娃車也不會太擁擠；
地坪同樣延續公共空間的海島型木
地板搭配仿清水混凝土床頭牆，整
體空間的質感與調性具有一致性。

⑨ **創造與自然親近的衛浴空間** 屋主
希望重現過往住在花蓮時的沐浴體
驗，淋浴與泡澡位置皆鄰窗配置，
實現屋主希望洗澡時能看到戶外窗
景的期待，衛浴空間同樣採用粉光
水泥與木材作為主要呈現建材，戶
外自然景色與室內材質因此能互相
呼應。

木 × 金屬

木素材具有包容、溫暖的觀感與觸感，而金屬則擁有強悍、個性的質地形象，這二種材質性格迥異，卻都是室內裝修建材中相當受倚重的結構與裝飾材質，二者不僅可交錯運用在結構上互做後盾，當作面材的設計時也可藉著二種異材質的混搭，而達到對比或調和的效果。以居家空間而言，過多的金屬建材容易讓空間顯得過於冰冷，如能有自然而溫暖的美麗木素材作調節，不僅增加設計的變化性，也可添加幾許人文質感的舒緩效果。而木與金屬的搭配相當多元，除了木種、木紋的款式繁多，各種染色技巧與仿舊做法還能造就出更多差異性，若再搭配金屬材質的變化設計，風格即有如萬花筒般地豐富燦爛。例如鍛鐵與鐵刀木最能詮釋閒逸的鄉村風，而不鏽鋼搭配楓木則給人北歐風的溫暖感，至於黑檀木與鍍鈦金屬又能創造奢華質感，多變的戲法全看設計師的巧思與工藝，幾乎在每一種裝修風格中都可見到木與金屬的混搭之妙。

櫃子以深色鐵件為骨架，放入單面開的梧桐木盒，有效平衡金屬的冷調。圖片提供_PartiDesign Studio

施工方式

　　木作工程與金屬工程都是室內裝修中最常見的工法，而施工的方式必須依照設計者的需求而定，二者之間可以運用膠合、卡榫或鎖釘等方式接合，有些甚至運用了二種以上工法來強化金屬與木素材結合的穩固性。無論任何混搭的材質同樣都需要講究尺寸的精準，而金屬鐵件因鐵板薄且具有延展性，可運用雷射切割的方式來做圖騰設計，搭配木質邊框可成為主牆裝飾或屏風，相當具有變化性，而圖騰也可依個人客製化。至於鐵製架構的書櫃若想結合木層板來增加人文書卷味，則應先訂製符合於空間尺度的金屬骨架，再將架構固定於牆面或地面上，最後將木板鎖在事先規劃的層板位置，更講究細節可以用木板將鐵架上下包夾的設計，讓外觀看起來更精巧。當然也可以用木架構為主體，再以鐵片或金屬邊條來保護木材質的裝修結構，讓設計的美觀性與堅固性同時受到照顧。

收邊技巧

　　在裝修建材中，金屬原本就常用來做收邊的素材，尤其在與木材質搭配運用時，也常見設計者藉金屬的堅硬、耐磨特質來保護質地較軟的木材料，市面上即有各種金屬收邊條可以利用。此外，若是希望在木牆上直接「長」出金屬結構的櫃體時，必須考慮的是支撐櫃體的強度，建議應將金屬鐵件直接栓鎖進泥牆，或者以木角料固定在牆內，接著再將先開孔的木皮或木飾板覆上牆面，如果擔心二者交界的收邊問題，也可借用五金蓋片作修飾收邊，讓二種材質之間的銜接上有更多設計細節。事實上，五金配件正是木素材與金屬材質間最好的媒介，具有串聯與強化結構等功能，是機能設計的好幫手。木建材的轉角接合處理是衡量工法細緻度的指標之一，其中作45度切角接合的收邊效果較好；木飾板在鋪貼的工法上常見有橫貼、縱貼與斜貼等，可視設計需求與現場環境來選擇，一般橫貼有放寬的效果，而縱貼則可拉升屋高感，至於斜貼者在畫面上較為活潑。

計價方式

木材有以片、坪計價，需依使用之木素材計算價格。
金屬則需依設計與所使用之材質做為計價標準。

木 × 金 屬

空間應用

規律格柵軟化金屬剛強

公共區沒有任何屏障，因此以木格柵天花做視覺延展，讓場域
更恢弘大器。廚房採用毛絲面不鏽鋼廚具展現專業感；金屬反
射特性增加了景深，剛強冰冷個性則被木材溫潤給中和了。介
於客、餐廳中央的大樑，透過增加摺面的手法化解，筆直線條
亦可與金屬調性呼應強化俐落。圖片提供_尚藝設計

鐵件櫃體銜接木與石，
鏡牆造就虛實幻境

入門玄關先運用鐵件從木、石天地中架構出一座虛實相間的屏
風櫃體，讓玄關視覺既具有穿透感、又不失遮蔽效果，同時也
可讓屏風兩側的玄關與書房共享展示與收納機能。另一方面，
在玄關的側牆則貼飾大鏡面，映照出室內景物，使得入口達到
雙倍以上的空間感受，化解侷促封閉感。圖片提供_近境制作

黑色鐵件展現
俐落時尚感

以極簡線條勾勒整體造型，維持視覺的穿透舒適，同時也能降低鐵件量體沉重感，且不論與花磚或深色木地板搭配，皆能讓空間展現簡約時尚感。圖片提供_彗星設計

金屬鐵件圍塑出天花板
的剛性特質

除了一般常見將地面與壁面作為材質鋪貼與設計的對象外，設計師將天花板也視為表現重點，透過書房的木質天花板清楚地做出界隔分區；另一方面，在客廳與餐廳區則以黑色金屬鐵件的圍塑，搭配內藏嵌燈的光源設計，解決了稍顯過低的天花板燈光與樑的問題，同時也展現出現代空間的俐落美感。圖片提供_近境制作

木 × 金 屬

俐落線條統整豐富木材紋理，與烤漆鐵件描繪居家摩登風貌

HOME DATA

地點 新竹市 ｜ 坪數 47坪 ｜ 混搭建材 大干木皮、烤漆鐵件、大理石 ｜ 其他素材 石英磚、紅磚、布織品、印度黑石、橡木鋼刷

66

文 陳佳歆
空間設計暨圖片提供 石坊空間設計研究

單身屋主在工作之餘也相當懂得享受生活，平時喜歡品品紅白酒，欣賞音樂，因此對新居有超越一般居家的期待，格局以未來成家後的小家庭規模來規劃，另外特別著重公共區域的休閒娛樂及視聽感受，整個公共空間主要分成３大塊區域，包括以電視為主角的客廳之外也特別在沙發另一側規劃聆聽音樂的專屬空間，另一區則是開放式廚房搭配吧檯以及４～６人的長餐桌，架構出空間完整的休閒功能；空間氣氛則以室內光線來著墨，利用凹凸線性燈帶試圖營造Night Bar的慵懶氛圍。而整體空間最搶眼的就是大面積採用大干木鋪設立面，溫厚的木質展現著對比鮮明的木紋，讓空間具有強烈性格卻不令人感到疏離，在電視牆局部搭配烤漆鐵件置物架，巧妙的平衡空間視覺。視聽區吸音布則捨棄常見的黑或深灰，選擇帶點東方調性的飽和藍綠色，在燈光的輔助下，色彩與材質調和出摩登的現代新風貌。廊道底端以刷白紅磚為端景，讓精緻平滑與粗獷材質產生了有趣的對比，同時也帶出了空間的細節層次；大干木紋為公共空間帶來豐富的線條感，因此利用俐落工整的收邊統整視覺，並降低材質表面反光程度，讓空間呈現非凡質感。

1

① **烤漆鐵件與木材質交融個性美感** 在以大量木材質包覆的空間中，搭配烤漆鐵件製作的展示層架，藉由素材比例的恰當拿捏讓溫潤木材與冰冷鐵件之間達到和諧，也更符合屋主期待與眾不同的空間個性。電視牆面上的層架搭配大理石材增添其精緻度，懸吊式設計使整體輕盈不顯笨重。② **木紋明顯的大干木包覆牆面描繪空間個性** 公共空間主要牆面選擇以大干木材質大面積鋪設，木材的溫暖特性和緩木紋帶來的強烈個性，鮮明的木紋層次反而為空間創造出深刻的印象及特色，橫向大面開窗引入充足自然光，並在牆面以背光光燈裝點出牆面的層次氛圍。

③ **創造粗獷與精緻質感的衝突美感** 廊道底端為主臥房，刻意堆砌紅磚牆面並刷上白漆作為端景，裸露材質的原始質感以顏色統整粗獷的視覺，然而明顯的紅磚肌理與其他精緻處理的材質仍形成對比，兩者在空間裡擦撞出衝突之美。④ **東方藍綠布織品與西方調性木材質的交會** 特別為喜愛欣賞音樂的屋主規劃專屬的聆聽區，為了讓所配備的高級音響傳遞更好的音質，空間材質的選擇皆思考到聲音的傳導，因此選擇大量木材作為牆面試圖創造最佳的音場，音響後方的吸音布簾考量整體空間的搭配，刻意挑選帶點東方調性的藍綠色與西方調性的原木融合出摩登的現代風格。⑤ **低調色彩及材質相互調和出空間調性** 整體公共空間採全開放式設計，因此不但以傢具區分空間區域範圍，材質的運用也具有界定空間的作用；全室以石英磚地坪串聯，立面則以木素材、布織品及櫃體來辨示不同區域，並選擇白、黑及原木色調搭配。

⑥ **運用燈帶設計營造空間氛圍** 為懂得享受生活的屋主
打造兼具休閒與娛樂的公共場域，除了建構了硬體設備
並且滿足使用機能，對屋主來說，下班後才是一天的開
始，因此燈光的設計與配置也沒被忽略，天花設計凹凸
線性燈帶與間接燈光營造出有如 Night Bar 的氛圍。

⑦ **開放式餐廚為生活情調加分** 順著空間輪廓配置廚房，同時延伸料理檯面規劃出調埋輕食的用餐區，接續著能容納 4～6 人的長餐桌，形成一個複合式的使用空間，搭配鐵件置物架可以是閱讀工作的地方，從整體空間角度來看，加上客廳及聆廳區即構成與朋友聚會的最佳場域。⑧ **天然材質塑造主臥寧靜氣氛** 有別於公共區域的鮮明個性，主臥房雖然仍以木材為主要材質，卻選擇輕爽的淺色橡木讓空間有截然不同的柔和感，鋼刷處理的橡木則保留了手摸觸感；床頭牆面採用的是印度黑石，床單與窗簾選搭相同色系搭配，使臥房擁有舒適入眠放鬆的氛圍。

木 × 金 屬

煙燻大地色調，坐享五感海景住宅

H O M E   D A T A

地點 新北市淡水｜坪數 55坪｜混搭建材
北美胡桃實木皮、北美橡木地板、非洲柚
木實木板、不鏽鋼、鍍鈦金屬板、粉體烤
漆金屬板｜其他素材 磁磚、茶鏡、薄片板
岩、特殊塗料

文 鄭雅分
空間設計暨圖片提供 禾築國際設計

　　因為喜歡海景山色，所以夫妻倆回台便看中這棟面向淡水河與觀音山景的新居。因希望能將弧線延伸的海景線更完整地呈現在屋主的生活中，設計師從空氣的流通性、風向與日照時數等自然時令的變化，到室內材質、動線、格局與機能的對應，甚至於燈光、色彩的配置都做了緊密的串聯整合，並以屋主的感受與使用習慣做設計起點，好讓室、內外的環境優勢得以更完美展現。為了呼應戶外的自然環境，設計師採用了紋路感明顯的實木，搭配重點式的鍍鈦金屬屏風、鐵件層板，以及灰階色調的地板與石牆等，讓畫面呈現出和諧的煙燻大地色調，低調柔和的調性使目光焦點自然而然停留在窗外景致上。另一方面，在傢具的配置上則選擇柔軟的絨布沙發，透過灰、棕色與紫紅跳色的搭配來增加畫面活潑感，再綴以精緻的單品傢具擺飾，以及擺放著屋主收藏品的訂製鐵件展示櫃，讓空間更顯層次美感，同時展現屋主品味與個性。特別的是，客廳所有傢具不受傳統電視牆的方向性牽引擺置，而是隨著L型大陽台與海景而定位，如此設計除了讓空間與視覺都更顯大器外，也巧妙地拉近了生活與大自然的距離。

① **跳色沙發點燃灰階空間的活力與熱情** 開放的公共空間中，先以特殊塗料為牆面鋪上灰階底色，再適度地於地面與壁面加入木感溫暖元素，構成低調卻有質感的生活空間，最後將設計重點放在與人直接互動接觸的傢具上，透過跳色並列的灰、褐與紫紅色絨布沙發點出空間的活力與熱情。② **讓承載屋主回憶的收藏品擁有更完美舞台** 長期居住國外的屋主收藏不少自然感的異國小藝品，這些承載著屋主回憶的藝術品也是整體空間設計的靈魂之一，為了讓這些小物能有更完善的展示空間，特別以鐵件層板搭配板岩牆與間接燈光照射，不僅是藝術品的最佳舞台，透過自然材質漸層遞進的鋪陳，更展顯處處有景致的生活逸趣。

③ **鐵件杯架與木、石吧檯，散發俐落現代感** 為了克服玄關與餐廳左側的結構柱問題，設計師巧妙以柱子作為定位點加設一座吧檯，並且將柱體以鏡面作包覆，既可增加玄關區的光感，也讓內外分區更明顯，最重要是可提供更多元的餐飲機能。整座吧檯以木、石打造，而上方搭配的鐵件杯架則讓空間增加俐落現代感。④ **鍍鈦屏風與實木層板，化身玄關藝術造景** 玄關入門以鍍鈦金屬與實木二種材質做垂直與水平的造型設計，鍍鈦鏤空屏風的設計既可解決入門直接見到餐廳的尷尬，同時實木展示平台上的擺設也添加許多人文生活美感，而在玄關右側也因鏡面與實木的貼飾而得以反射出入門區更大的面寬。⑤ **多層次的自然感建材，營造舒壓療癒玄關** 玄關鍍鈦屏風在設計上希望有穿透感，但又不想一眼被看透，因此將每片鍍鈦板作不同角度設計，不僅有鏤空效果，同時金屬板又能反射出不同面向的光影；而延伸入內的左牆面則設計以水平線條的金屬層板來與屏風對應，再搭配實木板的動感紋路，一入門便可感受休閒的空間質感，進而達到療癒舒壓的效果。

⑥ **冷調吧檯材質恰可反襯實木溫度感** 配合結構柱體延伸作出的中島為廚房，是玄關與餐廳的分界點，藉由光亮反映的鏡面延伸了筆直線條的鐵件杯架與石吧檯，虛化了大柱體的障礙，也增加了空間的光影變化，更能映襯出吧檯後餐桌面的實木質感，豐富了材質的變化性。

⑦ **在灰色靜美的空間中享受閱讀的悠然** 透過灰色特殊塗料的塗層，使主臥房牆面散發出靜美氛圍，同時也更能從容演繹出自然光源的表情。由於屋主有睡前閱讀的習慣，加上書籍收納需求，設計師貼心地在臥房內以鍍鈦板、木材質及茶鏡玻璃打造一座精緻書櫃，滿足屋主的生活習慣。

⑧ **相同金屬、木材質，調整配比產生不同感受** 從屋內望向玄關的視角可明顯感受因大量木紋感而產生的溫暖氣息。在與玄關同樣的金屬鐵件、實木與石材等素材中，設計師運用不同比例的搭配，讓室內可見之處大幅增加了明顯紋路的厚感實木，使生活其間的人能感受到更療癒五感而溫暖的畫面。⑨ **異材質混搭，營造靜謐灰階的洗浴空間** 延續低調灰階空間的色彩主題，從主臥房的煙燻色木地板轉渡至衛浴區內的灰調石材、灰色木紋磚、金屬五金與白色衛浴，設計師希望透過不同建材的質感與色調微調，營造出單純、紓壓的泡澡空間，同時引進和煦自然光，創造出更放鬆的洗浴體驗。

木 × 金 屬

鋼刷木質感＋纖薄鋼線條，迎進光感與清爽

H O M E   D A T A

地點 台北市 ｜ 坪數 70坪 ｜ 混搭建材 鐵件、鋼刷木皮 ｜ 其他素材 噴漆、超耐磨地板、波龍、灰玻

文 **鄭雅分**
空間設計暨圖片提供 森境建築＋王俊宏室內裝修設計工程有限公司

這棟屋齡已超過30年的舊式長屋透天厝，原屋況因長期處於潮濕狀態，加上樓梯與動線的錯置而顯得凌亂且陰暗，對此情況，設計師在第一次勘屋時便提出要變更樓梯的建議，同時決定將遮蔽地下室採光的天井加蓋屋頂拆除，並且重新建構室內格局以滿足屋主的未來生活。

一來是為了避免潮濕問題繼續困擾生活，再者希望能積極改善採光，於是在建材部分選定以更耐潮的鐵件鋼烤、玻璃、波龍地毯、超耐磨地板等作為主材質，以提升居家的舒適性與耐久性。另一方面，設計師將原本散置建築二側的樓梯整合於一處，以便減縮垂直與水平動線，並採用鋼構的樓梯取代RC結構梯，配合簡約、纖細化的設計線條，以及鋼構玻璃隔間與薄鐵件打造的屏風書櫃等，透過簡化的隔間設計大幅降低樓梯對於光線的阻擋。另外，為了增加明亮度，櫃體層板的薄鐵件特別做白色鋼烤處理，也奠定清爽現代的空間感。最後在各個樓層中適度地鋪上鋼刷木皮的面體，如此既可為生活場域裡放入不可或缺的收納櫃體機能，同時也讓原本金屬鋼構的空間設計鋪染出溫暖的木質色調，特別是鋼刷處理的立體木紋更能觸動生活的溫度感，完美地調和出個性卻溫潤的空間調性。

① **灰階低彩度傢具，襯托木與鋼構的簡單質感** 為了徹底解決原本地下室潮濕且陰暗的空間環境，先將一樓後方天井拆除，讓光線可順利進入地下室，並以綠植牆概念將B1庭院做綠化，提供餐廳、視聽區與書房更好的視野享受；另一方面，低彩度的灰階傢具讓簡單通透的隔間與建材，更能展現單純生活的質感。② **灰階中不失溫暖的煙燻色木地板** 為了讓室內擁有更多光線，樓上臥房區捨棄阻擋光源的泥作牆面，改以黑色鋼構的玻璃牆取代，此設計也讓樓梯與房間同時獲得更大的視野空間。同時地板的材質則挑選以木質設計，淺煙燻色調的超耐磨地板做鋪貼，滿足潮濕空間的機能需求，也符合灰階中有溫暖感的設計概念。

③ **鋼刷木紋櫃牆舒緩鋼構梯的壓力感** 在複層結構的建築中，空間勢必會因為鋼構樓梯而形成巨大的量體感，為了緩和壓力感，除了簡化樓梯線條外，背牆式的大片木作櫃體則提供了舒緩視覺的效果，特別是設計師選擇了具體紋路的鋼刷木皮，讓觸感與視覺都更自然紓壓。④ **從療癒木感的走道進入鋼構的白色書房** 從地下停車場上樓，首先穿越過長長的木牆走道將煩雜心情沉澱，接著便是男主人位於B1的書房與起居區。考量屋主喜歡動手做模型的興趣，特別為他設計一張可和兒子對坐的雙向書桌，並以鐵件在上方打造燈具，提供充足的線性照明。而後方則以鋼構櫃體來展示屋主的機械模型收藏。⑤ **鋼構梯×波龍踏階，透現簡約、舒適品味** 為了改善原本冗長而不合理的動線，設計師不只變更了樓梯位置，好縮短垂直與水平的動線外，並將原本RC結構的封閉式材質改為鋼構的穿透式設計，同時利用更纖細的鐵件扶手、結構，搭配符合屋主跨距的階高，並以柔軟但完美抗潮的波龍地毯包覆階板，使每一步都舒適。

⑥ **鐵件玻璃格局，搭配白書架更穿透、明亮** 考量空間格局為長屋、且僅有前後採光等問題，首先將原有的隔間牆拆除，改以鐵件玻璃隔間與鏤空穿透的書櫃取代，好讓光線更容易引入室內。除了將黑鐵框架纖細化，同時整個書架的金屬架構也採用烤白漆設計，搭配淺色鋼刷木皮，讓空間的畫面更顯明亮。⑦ **精湛包覆工藝，完美結合木與金屬** 為了降低屏風書架的量體感，選擇烤白處裡的薄鋼板做出書櫃的縱橫架構，並且採用懸空設計，將整座書櫃固定於天花板上，然後再運用上下雙層的木板包夾住橫向的書櫃層板，看起來像是將木板直接與鐵件黏著，但結構卻相當穩固且安全，完美的工藝技術讓整座書櫃無論從任何角度都看不出破綻。

⑧ **鋼構電視牆與鋼刷木櫥讓畫面更有層次感** 原本女主人希望主臥房內能配備更衣間，但因單一樓面面積不足而改以開放式的更衣區設計，設計師將鋼構電視牆固定於天花板，以懸空設計減輕重量感，而電視牆左右的動線則顯現出後端鋼刷木色調的衣櫥區，既可增加臥房空間溫度，畫面上也不顯亂，而更有層次感。⑨ **木感衛浴間緩和了金屬結構的冷漠** B1客用的浴室較無潮濕問題，因此選擇以鋼刷木皮做牆面鋪色，溫潤的色調緩和了鋼構玻璃隔間與白色空間的冷漠感，而白色圓形洗手台與懸吊式水龍頭設計，則讓客用浴室的設計趣味性提升，反成為賓客注目與討論焦點。

木素材混搭

木 × 板材

　　木材質的使用在現代建築已是不可或缺的一環，無論是搭配性或是質地、觸感，都很適合運用於居家空間配置，細膩的紋路以及木材本身的香氣，皆能突顯空間特色。而要在以木材質為主的空間創造出不同風格，可藉由木質板材的運用，同中求異做變化，現在建築運用的板材種類很多，常見的有夾板、木心板、集合板等。夾板就是一層層薄木片上膠堆疊後壓製而成，穩固、支撐力強，常用於天花板、牆面；木心板則為上下夾板、中間原木拼接，可用於櫃子、大型傢具；集合板又稱密集板，也就是「甘蔗板」，以木材碎片加膠後經過高溫高壓處裡，容易切割、較環保，但不耐潮，易扭曲變形。

　　木頭與板材結合，一般而言可透過白膠、防水膠、強力膠等作接合處裡，不過還是要靠釘子加強固定效果，並可藉由染色、烤漆、噴漆、鋼刷等方式呈現濃淡等不同風貌。由於木頭與板材的質感、色系相近，常被使用於居家空間，或是想要在全然木空間中做出不同變化，板材的運用就是很好的選擇。

專業諮詢_日通建材行批發、六相設計

木頭與板材質感、色系相近，常被使用於居家空間，尤其板材表面大多留有素材原始紋路，運用於空間，不僅可減少後製加工較為環保，同時也有助於節省成本。圖片提供_大名設計

施 工 方 式

　　一般而言，不論是水泥板或OSB板等板材的施工方式，不外乎是先以各種不同的膠劑先行黏合，並依板材的脆弱程度及美觀，以暗釘或粗釘固定。其中白膠價錢較便宜、穩固性低，有脫落可能；防水膠和萬用膠較能緊密接合物體，價錢相對而言較高。選用黏膠時不僅要注意黏接度，也要注意材質，避免有害物質傷害身體。其中，若以板材做隔間牆，地板為木地板時，則需注意施工的先後順序，一般來說，應先做好隔間牆，然後再進行鋪設木地板動作，接著再就二者接合處做收邊。

收 邊 技 巧

　　木作與板材收邊時，須注意整體的平整度，避免行走或觸碰時感受到凹凸不平的現象，現在比較方便的方式是以矽膠或收邊條處理，在轉角處或是接縫處使用收邊條，再用專用膠接合，角度與接縫都要精準，才能確保整體施工品質。

計 價 方 式

板材種類繁多，大致分為夾板、木心板等，夾板分成1～8分厚度，木心板則有5、6、8分三種厚度，依片數與厚度有不同的計價方式，如3尺×6尺×6分的柳安木心板，單片價格約在NT.600～NT.700間，3尺×7尺×6分單片價格就是NT.700以上，施工與後續加工的價格則另外計算。

木 × 板 材

空間應用

原始裸材，展現空間自然
無拘感受

將具有水泥質感的水泥板當成裝飾材，從天花板延伸至電視牆面，利用水泥的質樸，替單調具現代感的空間增添個性，而對應水泥板的原始，輔以同屬較為自然的木素材做搭配，為空間注入屬於家的溫度。圖片提供_六相設計

藉由表面紋理
增添視覺變化

以不多做過多加工、裝飾的素材為主時，
空間難免略顯單調，因此選擇具自然特
性、表面紋路較為豐富的OSB板做為點
綴，不只呼應整體空間調性，同時也可豐
富空間表情。圖片提供_六相設計

平價夾板也能成為
空間主角

呼應整體空間風格，電視牆特別使用具獨
特紋理與色澤的夾板來呈現，外觀貼上經
過染色處理的夾板，獨特的V字型拼貼手
法，搭配有深有淺的錯落排序，成為空間
醒目的焦點。圖片提供_東江齋空間設計
攝影_王振華

木 × 板材

板材與鐵件、水泥粉光的完美組合

HOME DATA

地點 台北｜坪數 約40坪｜混搭建材 實木貼、夾板、舊木、柚木、檜木、甘蔗板｜其他素材 水泥粉光、鐵件、文化石

文 韋彥瑄
空間設計暨圖片提供 大名設計

本案業主從事科技業，喜歡工業風設計，期許居家也能帶有粗獷的工業風格，因此空間保有原本的3米3樓高，藉由裸露的管線營造濃厚的工業風情，加上大面積的水泥粉光、木材質拼接，以及甘蔗板點綴，打造出溫馨舒適的居家工業風設計。

走進玄關，映入眼簾的是Hidden Harbor藍的大型鞋櫃，設計師為便利屋主收納，打造了與樓層等高的鞋櫃，內部的支架與隔板均為訂做，Hidden Harbor藍櫃體與木質材料的運用，也中和了冷冽的工業風空間。此外，天花以甘蔗板降低高度，不僅可以隱藏多餘的管線、遮蔽橫樑，從玄關走進室內便可營造出「由小見大」的視覺寬敞感受。

客廳以大量木材與板材接合，包括電視牆的實木貼板、夾板皆是設計師親自挑選，尺寸、紋路和色澤都是經過仔細思量打造，才能與整體空間呈現一致性的溫潤效果。原先的格局規劃，電視牆僅為3米3，因此將電視牆結合書櫃收納，立面延伸成6米9，讓客廳更顯大器，用板材隔出的空間也能作為收納利用；沙發背牆以大面積文化石做搭配，地板以板材與水泥結合，巧妙在冷冽的工業風格空間點綴溫暖的居家感受。

整個空間最讓人驚豔的部分，莫過於以磁磚、鐵件與木材質為主的開放式廚房。以工業風格為設計主軸，輔以溫暖的實木材質，設計師首次嘗試以水泥粉光組合檜木年輪的施工方式，當屋主赤腳走進廚房時，腳底能感受到溫暖的檜木質地。

① **結合多種板材，打造複合材質與機能的電視牆** 電視牆以不同材質的板材為主體，在板材的接點、尺寸及色澤紋路上都經過仔細配置，呈現出不同風情的特色，隔出的空間也能進行收納，增添設計的實用性。② **水泥粉光＋黑板牆，打造居家咖啡廳** 要營造居家舒適悠閒的感受，可更換圖樣的黑板牆是很好的選擇，不僅可依屋主的喜好做設計，也讓冷冽的工業風空間增添溫暖感受。

③ **甘蔗板包覆天花，呈現以小見大視覺感** 為緩和粗獷感，天花以質樸的甘蔗板包覆，傾斜角度能增添視覺的寬敞感，搭配木材質、鐵件的運用，營造出充滿居家風情的工業風設計。④ **水泥粉光＋檜木年輪，打造衝突美感** 以鐵件、水泥粉光為主的開放式廚房，若仍以水泥粉光為地板，空間容易過於冰冷，反之以木板為主體，則顯得單調無趣，以水泥粉光與檜木年輪結合，異材質相接提升空間的活潑性，也能在冰冷的工業風餐廳中增添幾許溫暖感受。⑤ **藍色搭配木質素材，提升空間活潑感受** 玄關處的大型鞋櫃，以Hidden Harbor藍為主色調設計，搭配訂製的內層支架，打造出不同於常見的理性色調工業風格，大量的收納空間也便於屋主收納雜物與鞋類。

⑥ **多種異材質結合，空間豐富不凌亂** 大面積文化石牆
面，搭配裸露管線、鐵件傢具，加上水泥粉光、木質地
板及甘蔗板的使用，多種材質彼此相互襯托，打造粗獷
而細膩的客廳空間。

⑦ **深色木門板，衛浴空間不冰冷** 衛浴以水泥粉光搭配磁磚、木板，藍色磁磚與玄關鞋櫃門板相呼應，質地溫潤的木板門，觸感與色調都給人溫暖感受，營造出清爽具質感的工業風衛浴空間。⑧ **預留牆面間距，讓空間能呼吸** 水泥粉光牆面容易讓人產生壓迫感，因此在牆面預留一些空間，除了可讓光線照射進來，提升室內的明亮度，也能降低牆面壓迫感，提升空間舒適度。

木 X 板 材

木質原色鋪陳自然、
簡單原味生活

H O M E D A T A

地點 台北市｜坪數 20坪｜混搭素材　松
木夾板、OSB板、台灣檜木｜其他建材　超
耐磨地板、石板地板

文 余佩樺、王玉瑤
空間設計暨圖片提供 六相設計

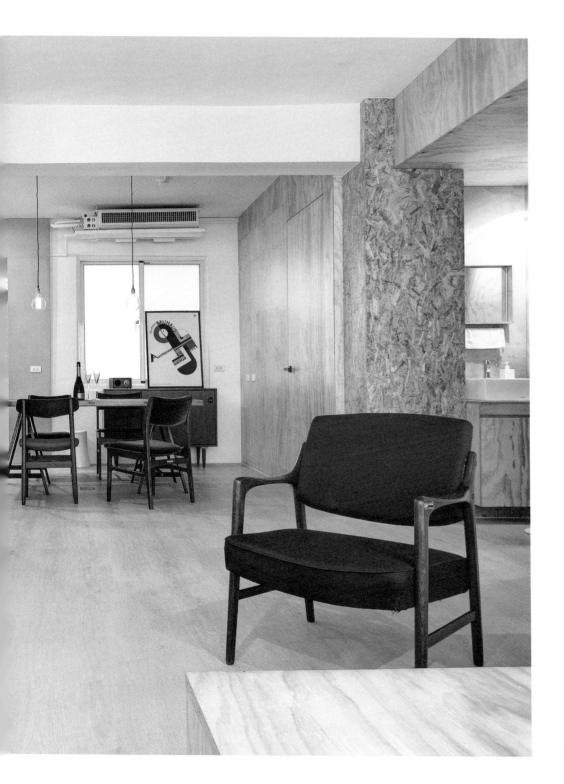

這空間有所有老公寓最常遇到的隔間過多的問題，隔間並非愈多愈好，必須賦予意義才能發揮有效的功能。

原為3房的空間，目前只有屋主一人使用，設計師便將原本的3房改為2房，並捨棄不必要隔牆，直接開放式呈現，或是以拉門輔助，身處其中能暢行無阻的居家自在感油然而生。

把「大套房」概念融入設計裡抓緊使用核心，扣除次臥後，客廳、臥房之間僅用拉門區隔，拉上能清楚定義公私領域，打開後因為沒有了隔間，屋主可以在同一空間內各行其事，乍看之下每一個機能互不相干，實際上卻又彼此關聯。例如看似毫無關係的臥房與客廳，在拉開拉門後尺度瞬間放大，屋主還能躺在床上看電視，空間、機能隨著隔間形式的改變而有機能彈性，兼顧了獨居與人際社交需求。

天花板就盡量不再多做處理，用高度優勢展現不一樣的視野；此外，整體空間不做太多裝飾，利用大量的原生素材來修飾空間，像是夾板或OSB板等，帶出不造作味道，也藉由原汁原味的木素材，讓心境獲得解放。

1

① **大量鋪陳天然木材解放身心** 大刀闊斧拆除廚房隔間牆，讓廚房與餐廳動線合而為一，整體變得通透又明亮，並以木素材及板材等原生素材做修飾，讓人置身於空間感覺不壓迫又讓身心獲得放鬆。② **各自獨立，讓使用尺度更舒適** 為了讓衛浴空間更完整，特別將洗手檯移出至外部，使用不干擾還多了點彈性。

③ **表面紋理增添視覺變化** 整體空間大量運用松木夾板，利用同樣是由木材壓製而成的 OSB 板穿插其中做點綴，與松木夾板搭配起來不顯突兀，反而更能藉由 OSB 板表面豐富的紋理，讓圍繞大量木素材的空間，更具層次變化。

102

④ ⑤ **拉門開闔機能跟著彈性變化**
在拉開拉門後，無論是臥房還是客
廳，尺度瞬間放大，還可以躺在床
上看電視，不須另外在臥房增加一
套設備。

6 **開闊的木空間更顯放鬆療癒** 臥房與公共空間只要拉開
拉門，自然成為一個開闊感十足的大空間，藉由拉門設
計消弭了小坪數容易帶來的壓迫感，運用天然的木素材
做為空間主要裝飾元素，替空間注入自然與療癒感。

⑦ **木色與輕淺大地色創造無壓力睡眠** 以大套房概念設計整體居家，完整滿足生活機能，臥房內不再多做其他配置，並以輕淺木質大地色系營造平靜輕鬆的氛圍，不因空間小而感到壓迫。⑧ **思考使用便利的設計佈局** 衛浴內加入玻璃隔間，彼此區分但又不影響使用尺度。

木素材混搭

木 × 磐多魔

溫潤的木質在材質搭配上向來是能與各類材質混搭，木材經過染色、煙燻、鋼刷等手法，皆能呈現或仿舊、或凹凸等表面裝飾，多變的處理手法能適應不同的素材，而柔和的木質具有軟化調和素材的特質，尤其搭配特性完全相反的塑料更為明顯。

塑料的種類繁多，其中磐多魔、Epoxy、壓克力是較為常見的裝潢建材，塑料經過後天加工壓塑而成，外表多具有光澤，人工感較重，在搭配上多半輔以同樣具有光澤感的金屬、鏡面、玻璃；或是以天然素材，如木素材、石材等中和人工仿造感。

當木與塑料相搭時，以磐多磨或Epoxy為例，大面積鋪陳會使塑料的人造感更為加重，在強調舒適氛圍的居家中會顯得過於冷硬，因此，可透過色系和配置比例拿捏輕重。建議塑料以局部施作為主，像是公共區域的客、餐廳，選擇中性的灰、黑、白，作為空間的襯底，搭配深色或淺色木質作為視覺焦點，若這兩種材質相拼接還可嘗試使用同色的搭配，呈現不同素材的質感，創造視覺的豐富感受。

木與塑料相搭時，大面積的鋪陳會使塑料的人造感加重，在強調舒適氛圍的居家中會顯得過於冷硬，建議可透過色系和配置比例拿捏輕重。圖片提供＿形構設計

施 工 方 式

　　磐多魔可用於牆面或地面，施工方式略有不同，但要注意的是
工序都必須在木作之後。磐多魔是以水泥為基底的材質，施作時
磐多魔會如液態般流入並快速乾硬，由於為液態狀，事先需圍塑
出施作範圍，避免超出預定區域。因此若磐多魔要與木地板相接
時，木地板必須先鋪好，並於表面鋪設PC板保護層，以防受污沾
染。而與磐多魔接觸的木地板側面也要先塗佈Epoxy保護，避免
磐多魔內部的水氣入侵造成受潮情況。

　　若是磐多魔施作在牆面要和木作相接時，同樣地木作需先完
成，由於是以鏝刀一刀刀塗上磐多魔，只需在木作的邊緣處貼上
寬版紙膠帶保護即可。

收 邊 技 巧

　　不論是木地板或木腰板要和磐多魔相接時，若想呈現兩個材質
的明顯區隔，接觸面可使用實木條、鐵條作為收邊處理，呈現俐
落清晰的視覺分割。收邊條的色系建議可與磐多魔或木作相同，
形成諧和的配色，避免過於突兀。要注意的是，由於不同材質的
熱漲冷縮程度不同，建議留出約3～5mm的伸縮縫為佳。

計 價 方 式

磐多魔：以坪計價（連工帶料），約NT.15,000～17,000元一坪。若與相異材質拼接，施作
難度提高，會再額外提高約NT.3,000～5,000的工資。

木 X 磐多魔

同色多元素材混搭，鋪陳不同層次的視覺系

H O M E   D A T A

地點 新北市│坪數 28坪│混搭建材 實木、人造石、磐多魔、水泥板、拉絲紋不鏽鋼板│其他素材 木紋磚、強化玻璃

文 蔡竺玲
空間設計暨圖片提供 形構設計

偏好冷調、現代感的屋主，本身對設計相當有想法，也對空間抱持開放態度，因此在居家中也不畏創新地納入了材質和工法的實驗性設計。

平時工作十分忙碌的屋主，再加上僅有夫妻兩人居住，也少有下廚的習慣，在色系的選擇上以耐髒污為主。因此天花以水泥板鋪陳，地板則以磐多魔與天花呼應，磐多魔地板如流水般的紋路，為空間增添律動感。而空間上下皆以不搶眼的灰鋪陳，恰如其分地為空間襯底，以「天地為框，牆面為畫」的概念，企圖將主要視覺停留在牆面，藉實木櫃、橫紋木紋磚等不同材質，交錯使用讓牆面充滿變化。

在空間中，最引人注目的就是相當具有流線造型的電視櫃。由於屋主愛車，因此納入儀表板概念，選用人造石以極具流暢的律動拉出一體成形的造型，右下嵌入濕溫度計、左下則留出視聽設備的控制面板，面板以木和金屬拼接，深色木紋和銅色金屬融為一體，流露時尚現代氛圍。流暢的弧線需以電腦模擬曲線和弧度，再計算人造石的拼接，是大膽構思、純熟技藝的巧思結晶。同樣的設計手法也運用在主臥，主臥以人造石架高地板，床頭背牆則以如山形緩緩爬升的造型拉出優美線條，成為主臥最美的風景。

1

① **上下呼應的同調材質** 天花以水泥板貼覆，再襯以磐多魔地板，兩者皆為中性的灰色調，呈現沉穩寧靜氣息。而磐多魔地板略帶光澤的特性，也為空間帶出現代的氛圍。餐廳牆面鋪上正方的深色木紋磚，與天花和地坪呼應。② **適度使用金屬、玻璃元素** 配合整體冷色的調性，在廚房和書房天花覆以拉絲紋不鏽鋼板，弧線彎曲的造型順勢包覆吊隱式冷氣管線和樑。沙發後方為架高的木地板，可作為閱讀空間使用，同時沙發下方貼覆金屬板呼應天花，具反射特性的金屬也讓沙發有懸空感。背牆使用灰白色烤漆玻璃，深色適度反射不會過於清晰，卻也能開展小坪數空間的尺度。

③ **同色異材的搭配，展現多元視覺感受** 由於有包覆天花，再加上架高地板設計，使得閱讀區整體高度降低。為避免壓迫，刻意選擇銅色不鏽鋼板和深棕色木紋相互映照，同色異材質的使用，形塑對比又融合的調性，金屬的反射也能略微延伸空間高度。灰白色的烤漆玻璃背牆也具異曲同工之妙，除了能擴展空間廣度，下方還利用間接照明打亮，降低量體沉重感，也為空間帶來光影變化的視覺感受。④ **精密計算鑲嵌拼組的流線電視牆** 以跑車的流線設計為出發點，電視主牆納入儀表板般的概念嵌入視聽設備和溫濕度計，順應圓形的溫濕度計，呈現優美的曲線起伏。電視牆以木作塑形後，人造石再貼覆嵌合，這些曲線經過精密計算，將人造石分割成許多塊狀拼組相合，接合處打磨處理妥善，才形成宛如無接縫的一體成形。⑤ **黑色烤玻、不鏽鋼板呈現現代氛圍** 電視牆下方忠實呈現車內設計，視聽設備的鈕鍵排列，展現有秩序直覺性操控，面板並以深色實木與銅色不鏽鋼板相接，有如髮絲的橫向木紋襯上亮面金屬，現代感十足。右側以黑色烤漆玻璃襯底，呈現清亮反射的效果，與金屬襯底相呼應。

6

6 穿透隔間，擴展室內尺度 由於空間坪數小，電視牆拼
接強化玻璃作為次臥隔牆，具穿透的效果；臥房牆面則
使用橫紋木紋磚拉長視覺，有效延展空間尺度。同時沿
著電視牆以人造石架高木地板，牆面背後貼覆實木皮美
化，也可兼作床頭板使用，主牆的左右和上緣則延續人
造石接面包覆而成。

114

⑦ ⑧ 流暢牆面展現細膩手法 延續客廳的設計精神，同樣以人造石打造床頭背牆並架高地板。床頭背牆向兩旁延展，圓弧的轉角呈現流暢的可塑性。左側床頭做出收納的深度後，線條如山形般向上攀升，厚度也逐漸收減內縮，細緻手法展現迷人的線條，而一定的厚度也方便人靠坐。

Chapter 2

最能展演空間磅礡氣勢 ———— 石材

石 × 磚

石 × 水泥

石 × 金屬

自然紋理
勾勒簡約大器質感。

Sto

n e s

圖片提供_雲邑設計

重新切割拼貼，
石材運用更豐富

石材運用

趨 勢

———

　　早期石材的運用手法較為單純，多半都是一整面鋪飾，大理石材的施工更是強調對花，或是利用拼花打造各式圖騰，而近幾年的石材趨勢在於設計與施工的改變，比方像是將自然石材根據不同比例切割、再重新排列拼貼，甚至有別以往平整貼飾，藉由斜面交錯的施工方式，讓石材牆面加上光線折射產生更多層次。

　　一方面，過去天然石材切割後被視為廢料的「石皮」，近來也成為設計新寵，雖然使用上最好空間夠大才能展現氣勢，裁切、加工、運送、施工皆較為繁複，但因為經自然風化的過程，色澤、紋理都非常獨特，搭配手工拼貼，反而能為空間帶來豐富的視覺效果。

　　此外，不同過去石材多半予人華麗的印象，

透過石材的種類、色系挑選，再加上與其它材質的搭配，石材既能奢華、亦可展現溫馨，石材除了色系、紋路上的不同，從亮面、霧面到鑿面所能呈現出來的個性也不同，而在室內設計上，更需要因應使用的位置來挑選合適的石材，方能在質感與風格上取得協調與統一。

材質輕量化，使用更不受限 ─────

　　過去由於技術限制石材重量，以往能裁切的薄度有限（約1～2公分），考量到承重問題，在空間大多採用固定式應用，像是地板、牆面或者天花，石材薄片的出現，改變了石材在居家空間使用的可能性。目前常見的石材薄片大多以板岩製成，以專利技術在原始石材上倒上樹脂後，再一片片撕下石材結晶面，背面佐以玻璃纖維穩定石材的強韌度，依各廠牌不同，每片石材厚度大約1～2mm，1平方公尺的重量為1.5公斤；變薄的石材因此具有彎曲的可塑性，能施作在曲面造型上。

　　薄片石材克服了過往石材過重問題而造成施工與運用上的限制，卻仍擁有天然石材的自然肌理與質感，亦可當作板材來應用，不只施工上更為快速、安全，實際應用於空間時也有了更多變化與選擇。

透過獨家成路的專利白石材鋪滿全室，巧合水切拼接石材放入拼出品牌符號，搭配柔化光線的勻打在無瑕石材世界，亦突顯切鑿飾面的工藝質感。圖片提供_方口建築

紋路多變化，
質感低調中見奢華

石材解析

特 色

花崗面、大花板，精心使用不規則與切割，立體的堆砌岩配藝術式光影，增加了多彩與意涵。圖片提供＿袁邱奕欣設計

石材自然的特殊紋理，一直深受大眾喜愛，其中最常運用在住宅空間的莫過於大理石、花崗石、板岩、文化石和最近興起的薄片石材。大理石的天然紋理變化多，能營造空間的大器質感；花崗石雖然紋理沒有大理石來得豐富，但是吸水率低、硬度高、耐候性強，所以很適合運用在戶外空間；文化石則是Loft、北歐風、鄉村風格常見運用素材，保有石材原始粗獷的紋

理，可呈現自然復古的氛圍。從德國進口的天然薄片石材材料，主要以板岩、雲母石製成。板岩紋路較為豐富，而雲母礦石則帶有天然豐富的玻璃金屬光澤，在光線照射下相當閃耀，可輕鬆營造華麗風格。另外，還有使用特殊抗UV耐老化透明樹脂的薄片，可在背面有光源的情況下做出透光效果，展現更清透的石材紋路。

優點

大理石的紋路自然變化多，質感貴氣，可彰顯空間雍容氣質，花崗石的價位相對大理石便宜，質地也較為堅硬，文化石則是施作方便，甚至可以自行DIY施工，而薄片石材優點就是厚度僅約2mm，比起一般厚重石材施工更加簡單、快速，像是石材不易施作的門片、櫃體也都能克服，甚至還可以貼合於矽酸鈣板和金屬上，並具防水特性。

缺點

具天然紋理的大理石缺點是保養不易，有污漬的話很難清理，花崗石則是花色變化較單調，也可能會有水斑的問題產生，需定期拋光研磨保養。文化石和抿石子常見問題是水泥間隙發生長霉狀況，在施作時應選用具抑菌成分的填縫劑，而厚度低於2公分的薄板石材在加工、運送、施工過程都相當容易破裂，加工耗損約為20%左右，運送和施工耗損則約有5～10%左右，因此在選用此項建材時，為避免裝修時材料不足，一般都會將耗損值估入所需數量中。

搭配技巧

· **空間**／花崗岩的密度和硬度高，石材相當耐磨，適用在戶外庭園造景、建築物外覆石材，大理石則是紋理鮮明，是十分有特色的裝飾材，造價昂貴的玉石，因為具有如玉般的質感，通常運用於視覺主題或傢具。

· **風格**／大理石可表現尊貴奢華的豪宅氣勢，若為尺寸較小的石材馬賽克，則是能拼貼出具個性化和藝術化的設計，而具時尚感的板岩，規劃為一面主牆或是轉角，可讓空間充滿天然質感，另外像是文化石則較常使用於鄉村風、LOFT風格。

· **材質表現**／洞石質感溫厚，紋理特殊能展現人文的歷史感，一般常見多為米黃色，如果摻雜有其他礦物成分，則會形成暗紅、深棕或灰色。經常運用在居家的大理石以亮面為主，若喜歡低調視感也可挑選鑿面。

· **顏色**／大理石主要有白色系和米黃色系大理石，淺色系格調高雅，很適合現代風格居家，若是想要更有奢華感、氣勢，可選搭深色系大理石，防污效果也會比淺色系來得好。

低調主牆選用石皮結合燈光設計，由不同尺寸、紋理的石皮重新切割排列而出拼貼，搭配暖色調的間接照明的內斂，對應計飾著一大名錶，既呈現自然粗獷又具氣勢的空間連貫，賦予空間「大師級的設計」。

石材混搭

石 × 磚

複合媒材的使用是住宅空間趨勢，讓空間更有層次、個性與變化，隨著磁磚技術的突破，磁磚甚至可以做到仿石材的紋理效果，而且又比真正的石材好保養，也沒有非得對花的問題，對於裝修預算有限，又想要有石材的高貴、大器質感，不妨選用仿石材磁磚去搭配局部天然石材即可。在風格的呈現上，不論是石材或磚，都有許多色系和質感的選擇，端視空間設定的氛圍做搭配，假如嚮往自然樸實的感覺，可選擇一面主牆鋪飾洞石，再搭配有相近質感的磚材，彼此就會顯得協調。從使用空間來看，大理石材毛細孔多，會有吃色的問題，假如是衛浴空間，地壁建議還是以磚材為主，局部在檯面採用大理石材，就能帶出精緻感，也較符合現代人對自然、簡約現代住宅的嚮往。

整體以冷色調為主，灰色系層作為形塑現代風格，選用具紋石材為主軸，搭配黑色檯面與藏青色櫥檯面的板材居化量體感，灰色系地壁磚則讓空間富有層次。圖片提供_力口建築

122

施工方式

圖片提供＿大湖森林設計

大理石鋪設地面多採用乾式軟底施工，壁面則用濕式施工，壁面施作時通常用3～6分夾板打底，黏著時會比較牢靠，但像是天然石皮的重量很重，施作時會建議用鐵構件為底，搭配同樣以鐵件懸掛於鐵件結構上，會比夾板、水泥砂漿鋪貼來得穩固。磁磚施工也是分為地面和壁面，例如拋光石英磚地面現在多為半乾式施工法，可避免空心的問題產生，馬賽克磚宜選用專用黏著劑來增加吸附力，板岩磚拼貼應留縫2mm，避免地震時隆起。

收邊技巧

磁磚轉角的收邊有幾種作法，一種是加工磨成45度內角再去鋪貼，貼起來會比較美觀，另外最簡單的方式就是利用收邊條，材質從PVC塑鋼、鋁合金、不鏽鋼、純銅到鈦金等金屬皆有。但如果是石材、磁磚面臨同樣鋪貼為地面或壁面時，則要注意兩者的厚度，或是利用進退面的貼飾手法，解決收邊的問題。

計價方式

石材類如大理石、花崗石、薄片石材皆為以才計價，根據種類的差異約莫在NT.300～1100元／才，不過石材還會衍生加工費用，以切割方式來説，水刀切割費用較高，另外，文化石以坪計價、洞石則是以片計價。磚材部分則多以坪計價，其中馬賽克磚屬於以才計價，特殊材質如貝殼馬賽克因取材不易，價格較為昂貴。

石 × 磚

空 間 應 用

重色石柱擴張場域氣勢

樓高近 4 米的地下室條件奇佳，於是善用
地利，以兩道矗立的板岩文化石柱鞏固空
間氣勢，中央帶有凹凸觸感的雅典娜石鏤
刻意鏤空處理，一來增加視野穿透，二來
也讓背面的衛浴感變不封閉。地面選用淺
色木紋磚回應立面的休閒感，同時也避免
濕氣腐朽木板材的困擾。圖片提供_尚藝
設計

以精緻石材拉抬衛浴質感

採光明亮、視線通透的衛浴間，利用義大
利進口燒面磚做全面性鋪陳。米黃燒面磚
不具反光性且紋理細緻，使視覺干擾降到
最低。由於地、壁為統一材質，柔和氣氛
使身心徹底鬆懈。顏色偏白的冰晶白玉檯
面，藉由乾淨色澤帶來反差，並以原石的
精緻替空間細膩加乘。圖片提供_尚藝設
計

灰磚與彩岩的絕色共舞

電視主牆以空心磚染黑疊砌，凝斂出原始但不狂野的焦點印象。地面以同色系復古磚迤邐綿延，在微光反射中消弭了暗色沉悶疑慮。右後方頂天的拓彩岩牆其實是一扇門，以細鐵件框邊並分割成幾何畫面，不僅有助拉高視覺，同時充當把手。粉色彩岩妝點了繽紛，也使空間看來更有生氣。圖片提供_尚藝設計

以文化石疊砌加添層次

選用60×120尺寸的灰色石英磚搭配橡木染黑海島型地板，不僅有助擘畫穩重的公共區氣勢；藉由質地殊異，也巧妙分割出客廳與玄關的界線，成為自然的動線引導。立面融入米白文化石元素，透過觸感凹凸豐富視覺層次，再以色調對比，創造出上淺下深的舒適平衡。圖片提供_杰瑪設計

變換線條走向活潑居家表情

西班牙進口的藍色復古陶磚，藉不均勻窯燒色彩讓光影有更細緻表情。壁面以橘紅色的文化石牆堆疊樸拙，並以灰綠色企口板作橫向鋪陳呼應。刻意以嵌有黑鐵件的直條紋門板變換線條走向，使畫面活潑不呆板。整體色彩走濃重繽紛路線，因此在磁磚的填縫強調出白色溝紋，搭配白色踢腳板，替空間帶來更爽朗的感受。圖片提供_尼奧設計

黑色抿石子搭配
霧面玻璃的SPA情趣

浴室的牆壁及地板採用抿石子，洗手檯面則是先以水泥塑形，並加裝鐵件支撐，再以抿石子覆蓋在水泥上，令洗手檯面猶如懸空的狀態。由於窗外視野並不美觀，選用霧面玻璃取代透明玻璃，既可保持採光功能，又能保有安全感，整體空間呈現黑白的單純畫面，隨著光影產生對話，營造猶如SPA的生活享受。圖片提供_相即設計

無介質，
激化混搭質樸感

玄關刻意砌起磚牆再刷白，並偕同表面有碳燒效果的紅色
火頭磚，勾勒出親切印象。地、壁間採無介質設計手法，
利用大團塊的鐵平石地面，衝激出不修飾的樸實感；搭配
鉚釘木門，更強化歐式鄉村的豪邁。此區光線偏暗，故在
天花及鞋櫃運用青綠色增加活潑，輔以白色賽木衍架跟間
接燈光，大幅降低暗沉。圖片提供_集集設計

**長條狀馬賽克磚
創造塊毯效果**

此為招待所與辦公空間合一的型態，為區隔空間屬性的差異，餐廚空間特別選用馬賽克磚鋪陳，中島檯面則挑選色調協調卻又能帶出層次的天然石材，經過設計師精算尺寸，讓檯面正好能落在馬賽克磚的留縫上，就能省去收邊問題。圖片提供_大湖森林設計

**米黃石材檯面提升
空間精緻度**

以度假湯屋為概念的衛浴設計，其實地、壁以及浴缸都是使用同樣的磁磚，壁面是原始磁磚尺寸，地面則是再切割成30×30公分，並搭配交丁鋪貼手法呈現如古堡般的氛圍，浴缸則是再切割成仿馬賽克般的尺寸，讓整體浴室十分和諧但又有變化，淋浴區檯面則是挑選色澤偏黃的天然石材，提升空間的質感。圖片提供_大湖森林設計

青苔綠色調營造
自然生活

此案住宅以自然生活為概念，色調上採取青苔綠當主軸，營造有如置身山林的感覺，看似如天然石材般的牆面，其實是仿石材的壁磚，比起石材更好保養、抗污性好，加上適度地搭配蛇紋石檯面，結合窗外植栽的穿透視覺層次，以及梧桐鋼刷浴櫃，呈現自然舒適的空間氛圍。圖片提供_大湖森林設計

點綴蛇紋石檯面
創造視覺焦點

為滿足屋主對於自然森林的嚮往，空間材質、色系皆以自然樸實為挑選方向，除了風化梧桐木之外，挑高電視主牆以質樸的空心磚作為垂直面的線條延伸，檯面則特意挑選一塊墨綠色蛇紋石，當光線投射即成為視覺焦點。施作上，考量空心磚堆疊的穩固性，必須透過附著在一旁的鐵構件與木作做結合，加上空心磚內植筋與水泥砂漿，彼此環環相扣，結構就非常牢靠。圖片提供_大湖森林設計

石材混搭

石 × 水泥

近年室內設計工業風蔚為風潮，在清水模建築引領流行趨勢之下，關於水泥建材的應用獲得高度注目及廣泛討論，但因清水模建築造價不斐，風格鮮明，喜惡取決於個人強烈主觀；折衷大眾品味與預算考量，在建材選擇上，抿石子、洗石子同樣能夠呈現水泥素樸踏實的空間質感，而又能比單一石頭或水泥的單調性創造多種活潑組合，且更加發揮工法技術，例如傳統閩南建築老屋常見的洗石子，最能呈現歲月累積的生活溫度，在強調復古室內設計運用上，尤其受老屋愛好者偏愛。

由於石頭和水泥本質皆為冷調色彩，兩者混搭所造成的特殊效果，無論是現代空間或自然休閒風格，甚至和式禪風皆能融合，若選擇琉璃玉石混搭，也能仿造出西班牙高第風格的異國情調，其中又以浴室更為適合使用抿石子，特別是休閒風的浴室，不只可以用抿石子做為浴室壁面的材質，還可以利用抿石子砌成浴缸，營造出湯屋的休閒感；另外，開放式廚房可以用吧檯做為區隔，使用抿石子砌成吧檯，讓空間更具休閒氛圍。

石頭和水泥本質皆為冷調色彩，兩者混搭造成的特殊效果，無論是現代空間或自然休閒風格，甚至和式禪風皆能融合。攝片提供_裏心設計

130

施工方式

不論洗石子、抿石子或清水模，皆屬於高技術的裝修工程項目，洗石子、抿石子的泥作工法是將石頭與水泥砂漿混合攪拌後，抹於粗胚牆面打壓均勻，多用於壁面地面甚至外牆，而抿石子的人工表現手法較強烈，洗石子則偏自然質感。拿捏技巧取決於石材顆粒的大小粗細，小顆粒石頭鋪陳為牆面，呈現細緻簡約，大顆粒石頭散發自然野趣感，而深色的石頭則會隨時間撫觸次數愈顯光亮，在空間設計上是相當有趣的壁面材質，依照不同石頭種類與大小色澤變化 能不同程度地展現居家的粗獷石材感。

但在施工過程中，因會抿掉洗掉小石頭以及流出許多泥漿水，施作前務必要完善規劃排水設計，以免小石頭或泥漿水流入排水管，一旦排水管阻塞就報廢了。磨石子用於地坪時，經滾壓抹平，待乾燥之後，再以磨石機粗磨、細磨、上蠟，因攸關地面平整性，相較其他材質工法更注重細膩度。

收邊技巧

石材和水泥的組合上，並非每種狀況都需使用到收邊，例如清水模本身材料厚實，講究施工精準度，只有一次成敗機會，若採取收邊，極可能造成撞壞成品的後果，又或者文化石需在角磚收邊處理，但絕不能用在地面，因為文化石是使用石膏灌製而成，質地較脆弱。

但抿石子不論地面、牆壁皆適用，由於材質本身熱脹冷縮之故，往往施工技巧會保留線邊，且在施工過程盡可能一次完成，否則有產生色差之慮，至於收邊考量則是因人而異，抿石子因質地薄且易碎，一般而言可利用金屬、塑料作為收邊媒材，倒是面材色彩應用其實是相當主觀的判斷，例如黑色石材搭配乳白色壓條是一種衝突的組合，除非特意用於特色空間裡，否則仍應以視覺舒適感為優先考量。而在抿石子表面記得要塗上一層薄薄的奈米防黴塗料，或者透明的EPOXY，以便維護，且會更有光澤。

計價方式

石材，依造不同石材有以、秤、公斤計價。
水泥，以秤計價。

石 × 水 泥

空間應用

用文化石牆延續設計語彙

公共區地面以水泥粉光做單一材質延伸，使分立的機能區能藉地材統合成一個大的單位，更顯寬闊。餐廚選用了米色文化石回應周邊素材，並於廊道端景也規劃了相同設計呼應。而Loft空間可完全開放，也可進行分割的靈活彈性，則讓生活夢想有更多實現可能。圖片提供_汎得設計

極簡白色空間以白色
磨石子增添層次

整體空間以白色為主，難免顯得過於單調無趣，因此主臥以白水泥＋白石子，打造無接縫磨石子地板，藉此呼應毫無贅飾的白色空間，略帶粗糙感的磨石子地板，也替極簡的空間增添層次與變化。攝影_沈仲達

運用洗石子質樸感，
營造日式泡湯氛圍

衛浴牆面與浴池皆以洗石子鋪陳，輔以水泥粉光地板和木
作櫃體，日式溫泉浴場的風味油然而生。沉穩的灰色調讓
空間顯得穩重，流露悠閒的泡湯氛圍。圖片提供_裏心設
計

石材混搭

石 × 金屬

　　在眾多裝修建材中，金屬材料因具有高強度、延展性及安全性、耐久性等優異特質，向來就是現代空間裝修中的重要素材，同時也是建築結構的重要元素，但除了在裝修工程中將金屬視為結構的支撐要件外，在現代空間、Loft風格、鄉村風設計中，也可見到金屬建材以重要裝飾材的角色，與各種異材質在同一場域中相互映襯或競相爭美，其中金屬與石材的混搭運用則是相當具有代表性的組合。將分屬於不同領域的天然石材與金屬作異材質的混搭結合，可謂為是自然界與工業的交會，這二種元素在設計上分別傳達出對自然的嚮往以及對當代工業的歌詠。從材質屬性上來看，石材與金屬雖均屬冷硬調性，但在石材仍可藉由不同色澤與加工處理創出暖色系與放鬆休閒感，例如洞石、木紋石或文化石……等，這類石材可與金屬混搭出對比美感，有別於一般石材光潔、冷傲印象。至於金屬又可分出鄉村風中常用的鍛鐵，現代空間的不鏽鋼及時尚風格常見的鈦金屬等，雖都是金屬，但質感與效果卻有天壤之別。

以薄片板岩平奌繼件的冷調氣息，透過玻璃的反射與對稱，打造出視覺平衡的美感。圖片提供_禾築國際設計

施工方式

　　所有建材施工考量都是先以安全與機能為優先，因此，在石材與金屬的混搭運用上，先得釐清彼此的關係。因金屬的強度與可彎性等特質，運用時多半側重在結構支撐上，至於石材則挾著豐富石種與優美紋路的優點，加上石材獨具尊貴與沉穩質感，多被使用於主要的面材上，也構成彼此相輔相成的搭檔關係。在這樣的結構下，施工順序多半是先依結構需求製作出金屬骨架，例如樓梯、櫃體、檯面……等均是焊接好結構後，再至工地現場覆蓋其表面石材，例如踏階面、桌板、層板。值得一提的是，早期石材因本體厚重，施工上需多加考量安全與承重問題，近來已採用新的科技工法研發出超薄的科技石材，厚度僅傳統石材的一半或1／3，因為量體變輕了，不僅施工更為方便，安全性提高，而且也更環保，對於喜歡石材的人來說是一大福音。

收邊技巧

　　談到石材與金屬的結合，若是二者之間有結構性的接觸，則必須使用五金鎖扣做固定，但若是平面的拼接則多半有其他的介質，例如裝飾主牆上的石材多是固定於背牆的木角料上，而金屬鐵件也可另外安裝於背牆上，但要注意彼此間的尺寸搭配，二者交接處的尺寸測量愈精準，則密合度會更好，質感也能表現更完美。另外，也有設計師希望讓金屬鐵件是從石材中「長」出來的感覺，這就必須先將金屬固定鎖進地板或牆板後，再將打好孔的石材套上鐵件，並打上矽利康填補縫隙，同樣要特別注意尺寸的精準拿捏。一般來說，因石材本身極脆弱，所以工序上都是最後在現場做拼貼，而收邊技巧上無論是金屬或石材最好都事先做好導圓角的設計，以防止尖銳角度造成的安全問題。

計價方式

石，以才計價，施工另計。
金屬，以使用金屬及設計計價。

石 × 金 屬

空間應用

展現本質，讓居家更自然

不使用過度修飾過的精緻材質，反而將粗糙、原始的鏽銅片直接佇立在起居空間裡，讓線條緊緻的空間，增添居家自然的元素。圖片提供_沈志忠聯合設計

不規則蘭姆石牆表情自然生動

為了放寬空間感，客廳中以寬版木地板搭配電視牆橫向拼貼的石材，使面寬能有延展效果，趣味的是在流動感的石牆上嵌掛著光面不鏽鋼電器櫃，對比出自然與現代的時尚品味。圖片提供_近境制作

石材地坪轉折至壁面，
隱喻更大空間場域

書房內刻意將石材地坪轉折至壁面的設
計，有如隱喻延伸的手法，成功創造了空
間的場域性。再搭配光面不鏽鋼的櫃體與
內嵌的鐵件層板，打造出細膩卻個性的生
活美學。圖片提供 _ 近境制作

纖薄線條，
切出如畫般的岩壁山色

臥房內陳設簡單，僅在牆面適度嵌入纖薄
的金屬鐵件層板，述說屋主內斂個性的生
活品味，同時將纖薄鐵件化作俐落線條，
如設計符碼般地轉化至門框上，在放大比
例的門框上藉由鐵律般的線條切割出簡直
的畫面，讓房間外的岩壁山色如畫般地呈
現在眼前。圖片提供 _ 近境制作

流動感石紋與光感不鏽鋼
的冷冽邂逅

主臥浴室內希望能營造出更自然意象的洗浴環境，分別在
地面與壁面以石磚與石材做鋪面，濃黑的鏽銅磚與深具張
力感的石紋，充分突顯出獨立式浴缸的潔白、優雅線條，
再搭配不鏽鋼的層板與面盆區的柱狀線條則營造出俐落與
光感的生活品味，讓洗浴也能成為一場美的饗宴。圖片提
供_近境制作

白色文化石主牆面營造留白的生活感

選擇白色文化石作為主牆面，強調純粹留白的空間意境，包括白色文化石縫也全使用白色，在設計上避免黑色或灰色形成密密麻麻的壓迫感，由於文化石會有色差，所以待施工完成後，再刷上一層油漆，以便保持文化石牆均質和乾淨的舒適感。圖片提供_相即設計

以磨石子材質為家帶入自然土地感

以黑水泥與磨石子的工法為屋主量身打造一座複合式吧檯水族箱，同時也界定客廳與餐廳二區，而在餐廳區內則以鐵件樓梯與天花板裸露管線來對應磨石子設計，呈現更多Loft質感。圖片提供_邑舍設計

石 × 金屬

極簡色、極優質、極致工藝，建構的極品生活

H O M E   D A T A

地點 台北市│坪數 70坪│混搭建材 拓採岩、金屬鋼構│其他素材 賽麗石、皮革、金屬烤漆、磐多魔、波龍地毯、仿古籐編

文 鄭雅分
空間設計暨圖片提供 森境建築＋王俊宏室內裝修設計工程有限公司

面對比設計師更具設計師性格的屋主，王俊宏設計師不僅在設計上得兢兢業業，更享受因彼此相知相惜而碰撞出的火花，也藉此能有更完整的設計表現。由於了解屋主對廚房生活的重視與講究，所以設計討論就是由廚房為起點，在遍尋各進口高檔廚具，但總覺得與理想不符的狀況下，設計師決定請廚具公司提供設備與部分建材支援，由自己來設計這套專屬於屋主的廚房。首先，先選定以拓採岩作為廚房櫃體的鋪面，以粗獷中有細節的素材砌出陽剛調性，並以同款拓採岩向外擴展至客廳、玄關、書房主牆等主視覺面，使之成為起居空間的材質主角，接著再依此延伸出周邊搭配的材質設計。

此外，雙面落地窗的室內採光條件雖不差，但因餐廳面被連結頂樓露台的RC結構樓梯遮擋，為求更具光感的空間氛圍，設計師決定將量體巨大且具有遮蔽性的樓梯改採為鋼構材質，利用金屬高支撐力與延展特質，讓空間線條可以儘量纖細、簡化，再搭配波龍踏階的材質設計，除了讓樓梯展現極致工藝的表現，身體也能享受階梯的舒適觸感，同時室內的光線與視野都獲得最大享受。更重要的是，透過拓採岩與鐵件鋼構的冷調酷石感，展現出屋主喜愛的空間質感。

1

① **鋼構鐵梯串聯出纖細舒適的美感線條** 在整個環伺著拓採岩石牆的公共空間，能與之分庭抗禮的物件是規律線性的金屬鋼構鐵梯，這也是整個室內最大的材質主題。透過餐廳的前景鋪陳，可以見到臨窗鋼構階梯展現纖細的線性美感，使之成為整個公共空間中的美好端景，搭配樓梯對應至地面的枯石山水擺設，以及自然光影變化，更能營造出典雅意境的用餐氛圍。② **全展式拓採岩石牆，突顯不鏽鋼的精質美感** 從餐廳至客廳一路延展的拓採岩石牆，是整體材質設計的起點與重點，餐廳電器櫃因石牆的粗獷自然，而能更加突顯電器設備面板的不鏽鋼精緻觸感，另外，白色的吧檯區則以賽麗石搭配黑鐵嵌入櫃體細節作簡單收納，完美而流暢的混搭，也考驗著設計師對於異材質尺寸上的精準掌握度。

❸ 以全開岩壁畫面映襯玄關的藝術賞宴 透過全開的拓採岩壁，搭配金屬的瓶狀藝術端景來呈現玄關印象，讓賓客一入門即可感受主人品味，事實上，這花瓶不單是藝術品，其下端是精心挑選的重低音喇叭，加上巧思被設計為玄關端景。而左側造型洗手檯則提供入門的清潔服務。

④ 圓弧線條，柔化黑白與稜角分明的冷硬空間感 為了呈現簡約現代空間印象，無論是任何材質，設計師均將之化作為黑與白的單純色彩，同時在空間線條上則是追求稜角分明的精準與正直，為了避免過度冷硬的空間質感，設計上特別以圓形地毯、圓弧導角的桌几與四分之三圓的沙發來柔化線條，也改變金屬、石材與簡約色調給人的距離感。⑤ 金屬烤白與石材共構俐落空間感 從餐廳望向開放格局的客廳與書房，完全可以感受室內的開闊，也讓家人共聚時更有互動。而為了提供更舒適的生活觸感，餐桌採用皮革縫面取代石材，至於吧檯工作區則鋪上硬度與抗菌力均佳的白色賽麗石材，並在吧檯上方以金屬烤白設計燈具與設備架構，少了金屬的冰冷感，多了幾分俐落優雅的空間質感。

⑥ 黑底白櫃的搶眼設計，讓書房成為美麗端景 為強化公共空間的整體設計感，在書房背牆上同樣延續著拓採岩片的鋪面，同時在牆面上內嵌入超薄的白色烤漆鋼板，石材與金屬混搭的造型主牆黑白分明、相當搶眼，除提供書房的展示與收納機能外，並與天花板的點狀燈光有了幾何主題的串聯，在整個開放式的客、餐廳區中，也成為醒目的端景。⑦ 運用弧形曲線層板，滿足各式書籍收納 設計師除了選用拓採岩牆壁的鋪面來呈現書房立面的底色外，同時也利用鋼材的硬度與延展特性，設計出超薄的烤漆鋼板來打造曲線變化的書櫃層板，此設計除了以活潑造型來豐富畫面外，設計師解釋：因不同書籍有不同尺寸，這些深淺、高低各不同的層板剛好可以滿足各式書籍的收納。

⑧ **黑色古典揉合出迷人的現代女性特質** 臥房內利用黑白對比配色作為空間整體基調，首先在床頭背牆大膽鋪貼了深色調的古典線板，透過中性色調勾勒出女性的柔美特質，並於地板上鋪陳著深灰色波龍地毯，在冷調的空間氛圍中提供舒適柔軟的體貼觸感；而穿越鐵件玻璃拉門則是專用浴室，石材檯面搭配古典花鏡與現代傢具形成趣味對比。 ⑨ **30坪露台，變身天光風影的奢華彩光派對** 頂樓區域除了在周邊以綠植牆與園藝設計來美化環境外，設計師也特別打造一區露天按摩池、BBQ吧檯、木製餐桌椅，以及七彩發光的戶外沙發區，華美的氣氛與貼心設計，讓屋主可以邀集親朋友好來此歡聚，也可與家人一起共賞夜景。

石 × 金 屬

日光書宅，與石牆、岩壁共讀靜好生活

H O M E　D A T A

地點 台北市｜坪數 44坪｜混搭建材 石材、鐵件｜其他素材 壁布、玻璃、鋼刷木皮、木地板、波龍地毯

文 **鄭雅分**
空間設計暨圖片提供 **近境制作**

「希望家人回家後能夠一起共讀靜好、分享生活。」這是喜歡閱讀的屋主對家的期許，也是設計師對此空間的主要規劃依據，雙方再討論後定案將客廳視作共讀空間，而餐廳則要能成為談天互動的場域。為了滿足屋主明確的空間機能需求，同時也要讓室內面積做有效利用，將公共空間做開放格局設計成為勢在必行，而如何藉由材質的鋪陳與切分，讓每個區域有完整領域感與對應的端景畫面則是設計重點。首先，在客廳先以大地色石材鋪面將兩支結構柱體與臥房門整合進電視主牆，且搭配光澤感的金屬屏風來定位空間領域；而為了滿足此區閱讀機能，在客廳左側牆面規劃一座與大面落地窗同寬的石材面書櫃，而下方則搭配鐵件作開放式收納，超大面寬的石材書牆面宛如電視牆的量體延伸，而且書籍的收納量也十分驚人。另外，在餐廳面則選擇以灰色石皮的鋪面，3D立體的粗糙面加上參差嵌插在岩壁面上的薄鐵件層板，異於光面石材的無暇感，卻呈現出另一種放鬆的空間質感，讓家人可以更輕鬆地在此閒談家常。在餐廳旁的開放廚房則以鐵件與石材共構一座纖薄美感的吧檯，搭配內部白色鋼烤廚具，完全地現代品味恰可與前端黑色的鋼琴區呼應，也滿足家人對生活的期待。

1

① **多元大地色調石材，演繹各區空間的生活溫度** 不僅在木、石與金屬鐵件等異材質之間轉換空間表情，更進一步在書牆、餐廳牆與地坪等處，以三款不同石種、紋路及表面處理的石材，傳達出各區空間的生活溫度與設計變化，並取其共通的大地色調來揉合出和諧的空間美學。② **與窗同寬的多層次質感書櫃，讓生活溢滿書香** 因公共區的開放格局設計，使大廳擁有雙倍開窗及遼闊視野，而與之相映成趣的同尺度書櫃也成為室內吸睛的景觀之一。為了增加書櫃的精緻度，從地面的鐵件踢腳板、木抽屜、鐵層板到大理石門櫃，層層相扣的多元質感與機能設計，滿足了客廳閱讀的需求，也滿足屋主的高品味要求。

③ **金屬屏風與石材地坪，明快區分內外感** 由於室內採光極佳，在玄關進入室內的界定隔屏上，設計師選擇以金屬材質的立體條狀設計屏風，斬釘截鐵地作出內外區隔，也創造出室內更大的光影反差；此外，在地坪上則運用石材與木地板的異材質混搭作領域分區，讓空間更有層次感。

④ **立體岩牆最具療癒紓壓感，促進家人共聚情誼** 將具有紋理觸感的石皮，以不同大小切割、些微色調差異，以及微凸不平的立體排面鋪整於餐廳主牆上，讓室內享有更具體真實的自然美感，營造出療癒紓壓的畫面，再加上薄鐵件展示架來擺放屋主收藏、說出屋主故事，也促進家人共聚的情感。 ⑤ **大理石牆轉折延伸，放寬主牆的氣派質感** 雖然電視主牆因兩側盤踞著結構柱體，加上夾有一扇臥房門而讓主牆尺度受限，但因左側的書櫃採以同款大理石材作櫃門鋪面，加上由玄關延引入室的地面石材，使得主牆氣勢可以轉折延續，形成L型的廣角設計，而這大量絲滑質感的石材，也讓全室都享有更柔美的光感。

153

⑥ **輕食區兼具了美型與機能需求** 以屋主需求為設計依據，配置了開放輕食區以及右側拉門內的中式廚房。其中輕食區更兼具美型與機能，除了後端有白色烤漆電器櫃作美麗背景，前端的吧檯更具有纖薄線條美感，利用金屬堅硬特質作支撐，成就俐落身影與現代設計魅力。而走道左側以黑鐵板為石牆收邊，恰與白色輕食區形成對比。⑦ **灰黑色階拼接木質感，更顯敦厚質樸** 為了避開床頭的大樑，設計師特別在床頭處規劃了複合機能的櫥櫃，讓收納機能與格局缺點同時被解決。而在材質的應用上則先以灰色調壁布包覆作櫃門鋪面展現樸質美感，再與寬板的木地板及格柵線條的百葉窗簾相互映襯，梳理出更安定沉靜的休憩情緒。

8 形隨機能而生的鐵層板線條 從床頭作出L型延伸的多功能桌板，既可避開結構柱壓樑問題，也可增加不少收納與展示、置物機能，而內部加裝的間接光源則可作為夜燈照明。在書桌區運用灰黑色階的壁布平鋪，再俐落地嵌入薄鐵件作為書架與展示用，簡單的設計讓形隨機能而生。**9 黑白石材營造浴室的光潔美感** 在主臥浴室內以黑、白雙石材的搭配，營造出光潔、大器的空間美感，加上造型婉約的白瓷面盆與五金龍頭，讓洗浴的每一瞬間都是優雅。特別的是在面盆區側邊的不鏽鋼材層板，與白玉般的石材意外合拍，輝映出柔和光芒。

Chapter 3

是配角也能做主角的基礎建材——**磚材**

磚 × 水泥

磚 × 玻璃

磚 × 金屬

質感仿真多元，
既許精緻潤澤，亦能復古樸拙。

Bri

c k

輕量化大磚，
讓環保與實用度向上加乘

砖材運用

趨 勢

目前磁磚市場趨勢來看，大尺寸設計絕對是首要新目標與挑戰。由於磁磚面積愈小，相對溝縫也會愈多，透過大尺寸磁磚的鋪陳，除了整體感更好之外，也方便做後續的加工切割，設計者不須額外開模製作特殊尺寸的磚，能有效節省時間與成本的損耗。目前大磚尺寸約有160×320公分、150×300公分這幾款尺寸，應用範圍廣泛，可用在外牆、室內、地、壁……等區域；黏著方式仍可比照一般磁磚硬底鋪貼工法。惟因磁磚體積龐大，因此在搬運移動上需格外注意，最好使用廠商所建議的搬運器具與方式，例如，使用加長牙套的堆高機拆卸貨櫃，或以磁磚專用的真空吸盤搭配固定框架，以避免磁磚在搬運過程中折斷。

傳統製磚過程粉塵飛揚，對於水資源消耗也較多。透過大尺寸並降低厚度的製作方式，一來可降低生產耗能跟運輸成本，二來也減少對自然界礦產原料的開發，對環保有正面助益。此外，減少厚度的優點，一來是只要地面平整、沒有空心的「膨拱」現象，可直接覆貼於舊的地面上，減少敲除的噪音、廢料處裡和揚塵污染。另一方面也可降低結構體負重。目前大磚厚度從 3～6mm 不等，若運用在商空地面，建議可選擇厚度 5mm 以上的磚以增加耐用度。

和諧退潮，個性化當道

過去，多數人會希望住家是比較柔和清爽的感覺，因此，不論是在材質或是色系的選配上，皆會傾向溫馨風格調性。若以木材跟磚的搭配來舉例，早期可能會選擇山毛櫸這類顏色較淺的木皮，配上素面或紋理簡單的暖色系磚做大面積鋪陳，使整體空間呈現出和諧、一致性的視覺效果。

因應不同的設計潮流，在磚的選擇上也有了不同考量。例如，禪風盛行階段，因為木作多以重色系表現，所以在磚的選配上也出現兩極化思維，一是為了平衡「深」而特意選顏色「淺」的磚，另一則是為了呼應禪思的靜謐，所以會挑選色澤偏暗，但更仿自然石感的磚質；但基本上，以霧面或燒面這類反光性較低的磚材為主流。

以現代的趨勢而言，因為強調個人化選擇，在風格的同質性上已不若過去那麼統一。喜歡休閒自然的，可能就走橡木染白+木紋磚的北歐風。偏好田園質樸的，可能就用杉木配上復古陶磚，再鑲嵌些許小花磚作點綴。而個性化明顯的Loft風，雖以鐵件、水泥為主要印象，但搭配馬賽克磚或是圖案、色彩強烈的磚，也能產生令人驚豔的效果。整體而言，將磚作單一牆面局部突顯，或是讓各區域的磚有各自發聲的舞台，都是未來常見的表現手法。

輕量化的大尺寸磁磚，不但可減少敲除、強化整體感，在製程上也更環保。大面磚可以保留紋理、突顯空間氣勢外，後續設計應用上亦保留了更多變化可能性。圖片提供_新睦豐

風情萬種磚素材，
以實用征服空間難題

磚材解析

特 色

仿大理石質感的磚，可利用工法降低磨
陳，提升整體感。加上光滑且反射性高，
運用在現代風格的住家，可以強調出簡潔
但不失精緻的空間感。圖片提供_新峻豐

　　如果將建案中經常出現的磚做個分類，大
致可區分為「陶磚」、「磁磚」跟「空心磚」三大
類。陶磚主成分為自然界陶土，室內外、地壁
皆可應用。塊狀陶磚在庭院牆或花台的疊砌上
經常使用，而平板式的磚片則以地面最為常
見。由於色澤多半為橘紅色系，給人溫暖、古
樸的印象，因此常見於鄉村風格或是帶東方氣
息空間。

而款式多元的磁磚，組成原料則為石英、陶土、高嶺土或黏土等成分。由於燒製溫度不同會影響吸水率表現，故區分出 16～18% 的「陶質」、6% 以下的「石質」，以及 1% 以下的「瓷質」三種。運用在居家時，最好先以使用目的來做規劃，例如，水氣重的浴室，一定要選用吸水率低，但防滑指數高的產品；而想突顯主牆氣勢時，就可依視覺感受來做主考量，大尺寸或是特殊效果明顯的磚自然是首選。

優點

以高溫燒製的磁磚，因為毛細孔小、不易卡髒，加上耐酸鹼，故「容易清潔保養」幾乎是多數磁磚的共同特色。隨著製作技術的進步，不但製程愈來愈環保，花色的選擇性也更加多元化，無論是何種風格空間，幾乎都能找到相應的磚來使用。而磚的防潮特性，不論在室內外皆十分適用，加上有各式尺寸可以選擇，讓不同氣候條件的空間，皆能輕易達成美觀與實用兼具的要求。

缺點

雖然磁磚技術不斷更新，但相較於天然石材，觸感跟光澤度上畢竟還是少了一分天然與精緻。此外，雖可藉由錯落的設計手法來提升仿真感，但在整體的紋理表現上還是較為均質單一。且磁磚接縫普遍較石材明顯，一來容易藏污納垢，再者，鋪面上的線條也較易造成視覺上的切割，進而影響到整體設計的細膩感。

搭配技巧

·空間／容易有髒污或湯水的區塊（例如，玄關或廚衛），皆可採用磁磚來增加清理方便。在公共空間的運用上，可採大面積鋪陳手法聚焦，以突顯主牆的獨特性。或是在地、壁面局部鑲嵌些許小花磚或腰帶，達到增加視覺層次功效。

·風格／基本上，光滑面、反射性高的磚，適合用於走向比較現代，或是強調高貴的精緻空間。若希望空間更樸實或隨興一點，則不妨挑選顏色仿舊，收邊也不那麼講究俐落的復古磚。如果想東方味濃厚些，燒面的板岩磚也是不錯的選擇。

·材質表現／目前流行的磚材風格，多半還是以粗石面、燒面或霧面處理，這類磚材因為在視覺上更趨近天然石材，容易與各類風格搭配，加上粗糙止滑的觸感，會讓地、壁的延伸應用更廣泛。

·顏色／想營造活潑氣氛，可以優先考慮對比色系，像是以融入了灰或白的非純色來做對比，方能兼顧視覺舒適性。偏好低調，那大地色系，如黑、灰、棕，可有效增加穩重感。至於帶點金屬反光效果的磚，在燈光映照下則可以有更多表情變化。

受到工業風盛行氛響，強調原貌的水泥磚，搭配Loft空間裡不可或缺的鐵件元素，恰巧能吻合潮流。此外，亦可搭配質感冷冽的金屬磚做呼應，也會有不錯的效果。圖片提供_新睦豐

磚 × 水泥

就質地而言，磚與水泥都是堅硬、冰冷的素材，但不同於水泥的「真」，磁磚追求的是變化萬千的「仿真」。當兩者結合在一起時，磁磚的色彩、紋理恰巧能柔化水泥的剛毅，激盪出新火花。

水泥因色澤偏灰，帶粗糙感，吻合現代人返璞歸真、重視原貌的設計思維；因此，過去較常在商空中見到的水泥元素，如今住家也常見其蹤跡。不過，為提升室內使用質感，多半會再多一道粉光處理手續。而工法繁複嚴謹的清水模，則可藉不經修飾的表面裸呈出更原始的視覺張力。

就質地而言，磚與水泥都是堅硬、冰冷的素材，但不同於水泥的「真」，磁磚追求的是變化萬千的「仿真」。當兩者結合在一起時，磁磚的色彩、紋理恰巧能柔化水泥的剛毅，激盪出新火花。想要營造知性自然氣氛，可以選用木紋、石紋的非亮面磚。喜歡Loft不受拘束的奔放，顏色飽和度高，或是普普風的花色磚，立刻能在灰沉的底色中，抓住目光焦點。

而表面粗糙的空心磚，其色澤質地與水泥調性一拍即合，所以整體的彩度低，但氛圍是隨興、粗獷的。周邊不妨多增加些透光設計；因為光線不僅能替暗沉空間帶來生氣；光影的位移，也會豐富場域表情。若是採用橘紅陶磚，則可強化出樸素、親和的自然美。

磚與水泥都是堅硬、冰冷的素材，當兩者結合在一起時，磁磚的色彩、紋理恰巧能柔化水泥的剛毅，激盪出新火花。攝影＿Justin Yen

施工方式

　　水泥原本就是貼磚之前的必要程序，因此就工序來看，必定是先水泥再磁磚。在磁磚的施作工法上，分有「乾式」、「濕式」、「半乾濕」、「大理石」數種。

　　乾式的優點在於需要先做地板層的養成，平整度高，磁磚的附著度也較牢固；缺點是成本較昂貴、也較費時。濕式優點是成本低、施工迅速，但缺點是地板水平較無法掌握，磁磚附著全靠施工經驗。半乾濕的做法是在水泥未乾前將益膠泥抹到地坪及磁磚上，因雙面上膠，附著度更高，不會有空心情形發生。由於膨拱問題是因熱脹冷縮時泥地板與磁磚的膨脹係數不同所引起的，可選用樹脂成分較高的益膠泥，亦可直接使用鋪貼磁磚的專用乳膠，效果會更好。

　　大理石工法的優點是可以接受尺寸大跟厚度較重的磚，但因對磁磚的尺寸、對花要求較高，施作速度慢，工資相對也高。由於每款磚的大小尺寸及吸水率皆不相同，故無法有統一的工法做遵循，但不論何種工法，施工前皆需確實將地面清理乾淨，並去除舊有地板中接合不良的部分，方能避免日後有拱磚的現象。

收邊技巧

常見磁磚陽角收邊方式有「側蓋」、「收邊條」及「尖角相接」三種。

側蓋收邊

所謂「側蓋」就是將一塊磚蓋住另一塊磁磚的側邊，蓋邊方向則須依現場而定。側蓋有時必須送廠研磨側邊，所以必須選用透心石英磚類，這樣才會與正面同色。有時也會將尖角磨圓增加美觀。外加邊條是最常見、也方便的手法。

收邊條

收邊條的材質非常多元，款式從方形、1/4圓到斜邊都有。PVC塑鋼因成本低廉最為常見，但因可能會有跟磁顏色、紋路搭配不上的問題。施作前可先將邊條結合後的觀感也視為設計的一環，就能避免突兀窘境產生。如果選用的磁磚凹凸面明顯，因加工後不易密合銜接，使用修邊條效果會更好。

尖角相接

而尖角相接指的是於磁磚內側水切45度角相接，優點是接合面只看得到一條垂直線較精緻美觀，但相對尖角較銳利，也容易因碰撞而缺角。另一種類似的工法叫「鳥嘴」，類似45度角相接，但保留 2 ～ 3 mm 厚度不加工到邊邊，這是透心磚收法之一，但太軟的透心磚也會有破損情況。

市面上雖然也有搭配磁磚花色而出的「專用轉角磚」，但因成本高，所以選用的人並不多。

計價方式

磚／坪：約NT.4,000～12,000元／坪（依磚的款式及產地不同，含工帶料）

水泥粉光地板：約NT.2,500～3,500元／坪（含工帶料）

磚 × 水泥

空 間 應 用

木紋脫模升級壁面細緻

先藉由兩堵板岩文化石柱將淋浴間和廁所暗納其中，再以兩座不鏽鋼洗手檯及浴缸的簡潔姿態創造美感。位處地下室濕氣較重，兩側牆面以水泥當底材搭配木紋脫模技法，兼顧了吸濕及造型變化。襯上灰色復古磚應和，洗練的優雅風情自然表露無遺。圖片提供_尚藝設計

水泥與木紋磚共構戶外 fu

老房子改建的長型屋，為了引景添光，刻意將餐廳設在住家最末端，並與室內產生段差。周邊再輔以清玻璃圍圍，構築位於室外的錯覺。水泥階踏與外部結構牆質感一致，模糊了內外分野。搭配刷白木紋磚，不但有經過自然洗禮的真實感，也能與露台的木棧板融為一體。圖片提供_尚藝設計

現代手法突顯花磚
藝術價值

地板以帶有濃郁色彩的花磚，局部使用在
地面有引導動線作用，同時也可展現餐廳
熱絡活潑氣氛，壁面則以白色小馬賽克磚
搭配，刻意不做滿裸露部分水泥牆面，傳
遞西班牙特色風情的同時，也能表現空間
獨特個性。圖片提供＿直學設計

地坪材質界定
空間屬性

客廳、工作室採用義大利進口黑色復古磚
鋪陳，在水平軸線的劃設之下，餐廚改為
水泥粉光地板，前者讓粗獷的工業風多了
雅痞味道，後者與白色廚具搭配更顯自然
樸實。圖片提供＿WW空間設計

**粗獷素材演繹
生活歲月感**

為傳達工業感的原始、粗獷意象，貫穿二樓垂直牆面刻意
敲打至見磚面，其餘牆面及地坪則以水泥粉光呼應牆面不
多加裝飾概念；過於冷調的空間，加入木素材元素，即能
增添令人感到舒適的溫潤觸感，也替空間注入更多溫暖氣
息。空間設計_緯傑設計　攝影_蘇家弘

用色牆替灰基調
注入生氣

表面粗糙的空心磚，其灰樸色澤與水泥粉光地坪強調素材原貌的調性一拍即合，搭配建物粗胚原況，除了開創隨興調調，亦讓光影能有更大揮灑舞台。開放式格局，利用加了黑的蘋果綠色牆突顯區域重點，再融入調性溫潤但色彩濃重的木傢具，傳遞出帶有東方靜謐的混搭風情。圖片提供_集集設計

藉框邊手法突顯
區域精采

挑高商空透過大面積水泥粉光地坪迎接燦亮遊移光影。過渡到另一區時，改以黑白花紋地磚跳出活潑，並藉由不同材質地坪處理，讓區域輪廓更加突顯。過道邊框特別用黑色鐵件跟水泥拼接來呼應平面。框邊能產生定景視效，透過身處位置不同，能感受各自區域獨特，卻又因色系與素材的同質而不失協調。圖片提供_汎得設計

加高地坪界定
包廂空間

因應商空使用型態，利用水泥地板加高再搭配清玻璃方式，圍圍出獨立區塊。周邊由花磚鋪成，穀倉門形式用杉木拼接成會議室推拉門片；一來可豐富彩度變化，二來也能藉木質調和磚與水泥的冰冷，創造更舒適的飲食氛圍享受。圖片提供_汎得設計

復古圖騰與色彩
帶出懷舊味

選用帶有復古圖騰與色彩的花磚，並以不規則拼貼方式呈現於地坪，搭配原始粗獷的水泥粉光牆面，替帶有復古、懷舊感的空間，挹注更多質樸、粗獷的味道。空間設計暨圖片提供_方構制作空間設計

金屬磚與泥色呈現
夜店酷炫風格

與住宅空間略有不同，夜店的化妝室講究的是個性與酷炫，因此在材質上選擇以金屬磚作為洗手檯兩側的貼面，而中間則單純以水泥裸色呈現，至於洗手檯背面的小便斗，以及金屬磚的溝縫則採用不鏽鋼板與不鏽鋼邊條設計，粗獷中有細節與光澤感，使單純的化妝室也別有設計趣味。圖片提供_邑舍設計

紅磚與水泥，架構粗獷
卻又細膩的工業風

裸露紅磚牆是空間裡的主視覺，採用低調質樸的水泥粉光地板呼應，即架構出一個不修邊幅又個性的工業風空間，瀰漫著粗獷工業風氣息的房間，適度擺上以粗水管做鏽蝕處理和厚實木板訂做成的床架，呼應風格之餘，亦展現隨興、精緻感。攝影_Justin Yen

拼貼相異材質，
增添空間層次感

牆面與地坪採用水泥粉光與灰色霧面地磚，組構出以灰為主視覺的空間，選擇以水泥粉與霧面地磚二種異材質做拼貼，視覺上可讓易顯單調的無色彩空間增加層次感，且有別於滑面的地磚，霧面地磚粗糙的觸感更能呼應水泥牆面的純樸質地。圖片提供_法蘭德室內設計　攝影_邱創禧

磚材混搭

磚 × 玻璃

玻璃具穿透性的特色，可讓室內外光線順利接軌，也因此是裝修時創造明亮度與寬闊感不可或缺的好幫手。無色透明的「清玻璃」或「強化玻璃」，因為能見度最高，即使作為隔間牆也能將視覺干擾降到最低。與磚結合時，多半會退居烘托跟配襯的角色，使視覺更能聚焦在磚的變化上。

另外，可依磚的色系選用半透光的噴砂、夾紗玻璃，或是單色的彩色玻璃，都能因折射性降低而提升搭配和諧度。

而運用不同技法或彩度變化的「裝飾玻璃」，如彩繪、雕刻、鑲嵌玻璃等，會因圖形的變化使空間有活潑的效果，所以周邊搭配的磚材除了可以選用樸素一點的款式之外，有時亦可選用像紅磚、燒面磚這類強調休閒感的款式，反而能強化溫馨跟豐富的氣息。

而深受喜愛的玻璃磚，分有空心磚與實心磚兩種。實心磚是扎實的玻璃材質，雖然重量較重，但光線穿透性較好。空心磚重量輕，可做的空間利用比較多。做局部牆面運用時，因在堆疊時線條表現已經非常突出，建議搭配塗料牆，而非分隔縫隙多的磚面。

清玻璃因為能見度最高，作為隔間牆時能有效破除封閉感；與磚材結合時也不怕會搶了磚的風采，反而能藉反光使磚的表情更有變化。圖片提供_新睦豐

施工方式

因強化玻璃就算打破了只會碎成顆粒狀，故目前居家多半運用強化玻璃來兼顧美觀與安全性。當成隔間或置物層板用的清玻璃，最好選擇10mm的厚度，承載力與隔音性較佳。安全性更高的則是「膠合玻璃」，由2片玻璃組合而成（最常見者為厚度5mm+5mm），中間有層膠黏合，可讓碎片連在一起而不飛散。

除了預留適當空隙嵌合玻璃外，安裝玻璃前需要先以合成橡膠墊塊置於玻璃片底部1/4長度位置，且墊塊應使玻璃與框架距離至少1.5mm以上，並固定於玻璃之開孔位置上。安裝時表面不得有灰塵、腐蝕物及殘渣等雜物。安裝須在氣溫高於5℃以上，且預測前24小時內不下雨之天候下完成。當玻璃周圍及框架溫度低於5℃以下，以及框架受雨、霜、水滴凝結，或其他原因而潮濕時，勿進行鑲嵌玻璃工作及勿使用液體玻璃填縫料。安裝時不慎沾上水泥、灰漿等應在未乾前以清水沖洗或濕布拭除。油酯類污物則以中性皂水或清潔劑洗除，並擦拭乾淨。

收邊技巧

就磚跟玻璃的結合而言，除了進行單面的磚材鋪貼之外，最好還能往轉角側邊至少延伸10～2公分的磚面距離。主要目的在於兩個立面材質銜接上不會有突然中斷的感覺，而且透過內側水切45度角相接，再做倒角處理，空間的精緻度跟安全性上會有更好的表現。不同於地面採濕式工法，立面是採用需要二次施工的乾式工法，不但整體的平整度高，磁磚的附著度也較牢固。

玻璃的施工除了需要先在實牆或地面處預埋鋁條當作溝縫外，溝縫尺度也要抓寬鬆些。除了玻璃本身的厚度外，最好再多0.5～1公分左右的幅寬。目的在於減少工程碎料的產生，同時也保留熱脹冷縮空間。兩塊玻璃相嵌處採用垂直接合手法，最後再上矽利康固定。為了修飾磚跟玻璃的相接處，可以採用鐵件做成燈帶的手法來當做收邊。但要預先埋好鐵件的位置，方便之後走LED燈條和鋪磚。

計價方式

磚／坪：約NT.4,000～8,000元／坪（依磚的款式及產地不同，含工帶料）
強化玻璃／才：NT.70～80／才（不含工資）

磚 × 玻璃

以細緻質感統整豐富素材，穿透材質為長型空間引入自然陽光。

HOME DATA

地點 台北市｜坪數 30坪｜混搭建材 仿清水模磁磚、玻璃｜其他素材 天然鐵刀深溝紋自然抆處理、胡桃實木皮、Castpian 繃布、仿清水模磁磚、新沃克灰、白磁磚、卡夜明珠石材仿古面處理、蒙馬特灰石材、銀狐石、銅鏡、烤漆玻璃、5+5 膠合夾砂玻璃、

文 陳佳歆
空間設計暨圖片提供 沈志忠聯合設計

174

隱身在大都會的住宅，有著老屋的標準狹長屋型，伴隨著採光不足與鄰棟距離過近的問題，在解決光線及格局之餘，設計師運用自然的素材打造符合當代的空間風貌；踏入空間，即可感受到精緻的銀狐大理石地坪帶來的時髦感，同時作為引入室內空間的玄關廊道，而這個鄰窗的大理石平台設定為女主人練習瑜珈的地方，為維護與鄰棟之間的隱私，練習時以透光的窗簾遮蔽，當在客廳活動時則可以打開窗戶引入更充足的光線，再以活動夾紗玻璃拉門適度保有隱密性。除了以高低落差界定裡外空間，同時，進入公共空間後由大理石材轉而以實木地坪全室鋪陳，讓腳踏木素材的觸感來體會居住空間的溫暖。客廳電視主牆採用仿清水模磁磚，表面較為細膩的磚材質地展現水泥的質樸氣息；位於中段的書房以活動式拉門創造使用彈性，其中白色鏤空書架與玻璃隔間讓視線穿透至後方更衣間，再透過穿衣鏡的折射使長型空間因此擁有景深層次。主臥牆面延續客廳仿清水模磚，床頭改以繃布緩和磚材的冰冷感，在沒有對外窗的主臥衛浴與臥房共用的牆面上方，開出一道玻璃長窗以引入後段的光線，即使在環境條件有限的都市中，擅用材質特性同樣能打造出具有人文氣息的時尚空間。

① **地坪材質轉換與高低落差設計界定區域** 從入口開始即
以銀狐大理石作為地坪，拋光面白色大理石為空間帶來
精緻高雅的質感，高低落差設計不僅界定區域，也成為
可隨興坐臥的平台；主要生活空間改以觸感舒適溫暖實木
地坪鋪設，讓觸覺覺隨著不同材質的轉換而感受不同空間
屬性。② **半透光材質保有居住隱私同時擁有光線** 女主人
平時有練習瑜珈的習慣，將入口處的架高大理石平台規
劃為練習場域，藉由透光窗簾調節照入的日光強弱，另
外也增設玻璃夾紗拉門維護與鄰棟之間生活隱私，即使
拉開窗簾也能安心地居家活動。

③ **掌握材質質感搭配出都會現代風** 客廳空間以豐富的材質搭配，選擇仿清水模磁磚呈現水泥的質樸色感也與紮實的木地板呼應，局部牆面採用精緻的銀狐大理石轉換視覺焦點；公共空間皆以表面質感較為細緻自然材質鋪陳，因此融合出簡單卻不失現代的居家風貌。④ ⑤ **活動隔間書房增加空間延展** 在面寬較窄的長型空間中段規劃書房，利用活動拉門創造空間的延展性，拉門完全打開時形成開放式空間，使整體空間的動線串聯上更為流暢，也能跟據使用需求提供獨立空間，通往後段臥房的過道也不致於過於狹長。

6 **7** **高玻璃窗開窗使衛浴不封閉** 位於空間中段的主臥衛浴沒有對外開窗，為了想要讓衛浴不過於封閉陰暗，特別在主臥及衛浴共用的牆面上方開出橫向玻璃長窗，讓臥房的光線也能透入衛浴空間。

8

9

8 **9** **穿透式書架與材質創造空間景深** 開放式的書房搭配烤漆鐵件製成的鏤空書架，後背則以清玻璃為隔間，讓視線能從公共空間穿透至後方更衣間，再由更衣間的穿衣鏡反射前段空間景觀，藉由材質的穿透和反射特性創造有趣的視覺景深，使空間有無窮盡的延伸感。

磚材混搭

磚 × 金屬

磚材屬於表面裝飾材，由於耐污、防潮、好清理及施作容易，幾乎能適用於所有空間，在台灣居家之中是廣受喜愛又不可或缺的建材之一。過去磚材表面表現較為有限，大多作為空間基礎結構的表面修飾之用，較難成為展現空間特色的主角，但近年來，現代人對居住風格與質感愈趨要求，磚材的燒製技術不斷提升，開始在磚材表面玩起各種創意遊戲，其中仿木紋磚、仿石材磚及仿清水模磚，逼真的質感紋路甚至成為天然素材的替代材質，使磚材與其他材質的搭配性也就更加寬廣。

質地堅硬的金屬一般較常使用到的有生鐵、鐵以及不鏽鋼，黑鐵需經過烤漆處理以防止生鏽。金屬質感冷冽，運用在居家之中表現出現代、個性的感覺，目前較常作為櫃體結構或裝飾修邊。鍍鈦鋼板也是近年從商業空間延伸使用至居家空間的金屬材質，在不鏽鋼表面鍍上鈦金屬薄膜，或者以事先製成形的金屬材質再發色，應用於空間裝飾給人精緻高級的時尚感。而磁磚是燒面建材和金屬雖然本質上有所差異，但皆傳遞出冰冷的特質，搭配時要注意使用比例及主從關係，或者以視覺上較為溫暖的木紋磚搭配，才不會讓空間過於冷調。

由於磚的技術日趨進步，因此可有更多可能性，也能與更多不同建材做搭配，而受近年工業風影響，甚至也常與金屬做結合搭配，展現較為冷調、隨興的空間個性。攝影_沈仲達

施工方式

　　磁磚施工關係到呈現的觀感及牢固安全性，因此施工前應依磁磚的尺寸、規格、材質、使用地點及用途來評估使用工法及黏著材料，並依牆面尺寸做磁磚配置，避免造成過於零碎尺寸的磁磚。磁磚施工大多以水泥砂漿為黏著劑，並以「海菜粉」水泥添加劑使水泥砂漿保水不會太快乾燥，因而提高貼磚效率。地磚來說主要分成硬底和軟底二種工法，而軟底施工又可分為乾式、半濕式及濕式。其中半濕式是濕式施工的改良工法，可降低地板拱起空心的問題。

　　金屬材質以鐵及不鏽鋼為居家常用的金屬，較常應用在門窗框架、樓梯、書架，目前同樣發展出各式種類與規格的鐵材，包括扁鐵、扁鋼、鐵條、鐵板、空心方管、扁管、圓管、L型等邊角鋼、H型鋼等，以便於後續加工後製；由於金屬硬度高製作上有一定難度，金屬細部必須以焊接加熱方式接合，折彎成型也需採用特定機器，因此需先規劃好設計圖再交由專業鐵工廠事先預製所需的造型元件，再到現場組裝成型。

　　由於金屬鐵件與壁面或牆面結合需鑽孔鎖螺絲固定，因此磁磚與金屬鐵件施作先後順序可以視設計是否要將接合面的螺絲外露而定，像近年流行的工業風以外露結構展現設計風格，便可先施作磁磚工程之後再鎖鐵件，但要留意金屬結構承重的問題，螺絲鑽孔點儘可能在磁磚的接縫處，以免部分硬度不足的磁磚發生破裂的情形。若是要隱藏固定螺絲，必須先將鐵件固定在基層，再做後續泥作工程及貼磁磚的動作，鐵件工程在施作前最好將磁磚尺寸 一併考量，以確保接合處表現。

收邊技巧

　　磁磚在施工完成後需要填縫處理縫隙，選擇品質較好的填縫劑可以預防縫隙發霉或脫落產生粉塵的問題，目前市面上填縫劑的種類大致有水泥、矽膠、水泥加乳膠或環氧樹脂等，填縫劑不斷推陳出新，早期一般多為白色、水泥色，現在已調製出多種色彩以搭配居家風格，而強調防霉抗污功能的填縫劑則適用於廚房、衛浴，填縫劑若有添加乳膠更能提高耐磨度、黏著度及彈性。為了美觀及安全必須在轉角處收邊，常見收邊方式大致有：收邊條、內側45度角相接以及側蓋邊幾種。

　　金屬材質經過裁切後會有銳利的毛邊，而且通常厚度愈厚邊緣銳利程度愈明顯，而不鏽鋼材質邊緣又比黑鐵更尖銳，因此金屬材質若作為書架、桌面等傢具，會將手經常接觸的邊緣做往內折彎的收邊處理，從側邊看起來會有一個厚度存在；若是希望能讓鐵片展現輕薄的視覺感，可以請廠商以打磨機去除金屬邊緣毛刺及尖角，打磨平滑至不會傷手的程度，再經過烤漆處理防鏽並確保使用安全。而在衛浴的磁磚牆面安裝五金配件，一般會在螺絲外再蓋上五金護蓋，以修飾磁磚面的螺絲接合處。

計價方式

磚／坪：約NT.4,000～8,000元／坪（依磚的款式及產地不同，含工帶料）

強化玻璃／才：NT.70～80／才（不含工資）

空 間 應 用

大理石填縫劑，
磁磚也有石材效果

一般大理石單價高且可對花，此戶住宅選
用進口磁磚，因此設計師特意結合不鏽鋼
條做出不對花的拼貼效果，加上選用大理
石填縫劑作膠填縫，就能呈現出如石材般
的感覺，而金屬條則黏著在木板與磁磚的
厚度之間，可修飾磁磚的厚度。圖片提供
_界陽＆大司室內設計

冷調建材添加鏽蝕感，
呼應磚的歷史味

以清水磚堆砌牆面，用泥漿加上黑色色
粉，填補磚與磚之間的縫隙，讓每一塊磚
更立體，搭配鏽蝕鐵板，讓俐落的清水磚
因鏽蝕鐵板更顯得歷史味，卻不失質感。
圖片提供_竹工凡木設計研究室

Chapter 4

最能傳遞空間純粹質樸感 ——— 水泥

水泥 × 金屬

水泥 × 板材

造型表現多變，粗獷紋路質理，
展現人文質感的舒適風格。

c e m

ent

圖片提供_無有設計

從配角變主角
粗糙多變質地展演現代簡約空間

水泥運用

趨 勢

————

水泥原始的質感與顏色，最能展現隨興的生活態度，因此愈來愈多人傾向不多做修飾，讓水泥原色直接裸露於居家空間。圖片提供_登橙設計

　　水泥，是當今世界上最重要的建築材料之一，是一種具有膠結性的物質，能將砂、石等骨材結合成具有相當強度及耐久性之固體，故水泥也成為用於營建上的膠結性材料的總稱，依照膠結性質的不同，可分為水硬性水泥與非水硬性水泥。一般用於台灣土木建築的是水泥混和水及砂石的「混凝土」，就是加水後能起水化作用的「水硬性水泥」，亦即水泥在凝結及硬化之水化作用過程，必須有水的供應才可反應作用。各種硬化水泥中，又以英國人 Joseph Aspdin 在 1824 所發明之波特蘭水泥最為普遍，乃將石灰石及黏土混合後，在豎窯內燒製而成的一種水泥，而後將其研磨成細粉，加水硬化而成，隨著對建築之要求愈來愈高，波特蘭水

泥已發展有 100 多種。

　　台灣水泥工業已有將近 90 年的發展歷史，由於水泥過去幾乎都以未經修飾的粗糙表面呈現，在裝修設計上，傳統多以石材、石英磚或木質材質呈現，使混凝材大多隱藏在這些表面材質後頭，做為基礎的架構或重新粉刷、鋪設磚石之用，但近幾年來，隨著安藤忠雄帶動清水模建築的興起，水泥材質反而從配角躍升成為主角，它的原始、純樸質感成為表現現代風格的空間元素，可塑性極高的混凝土，灌漿燒製後再拆掉模板是常見的施工手法，透過不同的模板，可展現多變的造型與表面質感，為住宅風格帶來不可預期的驚喜感，但成形過程中仍有失敗風險，需要特別注意。

工業風興起　帶動水泥運用趨勢

　　過去為了呈現富麗堂皇的裝修風格，大量使用石英磚材質，但石英磚必須透過高溫燃燒，考量能源耗損與空氣污染，近年來水泥取代石英磚，直接用作為建築、空間的表面裝修。

　　Loft 風原是因為藝術家尋求廉價的創作空間，而紛紛租用空曠、沒有隔間的倉庫及廠房，最後蔚為全球風潮，近年來工業風、Loft 風興起。空間設計選擇直接裸露天、地及壁面原始水泥、磚牆等素材，台灣除了商業空間外，居家也開始走向工業粗獷風格，甚至連樑柱都設計如未經修飾、未完成的空間一樣，上下樓夾層也會直接裸露鋼架，展現原始率直風格，也帶動了水泥於空間的運用趨勢。

水泥擁有多變化、易搭配的特性，可塑造出現代簡約的空間感，近年流行的工業風和 Loft 風格，也多利用水泥營造空間特色。圖片提供_本晴設計

反璞歸真的原始魅力
走入居家空間

水泥解析

特 色

清水模建築的興起，帶動了水泥運用趨
勢，也將質樸原始的元素帶入居家，展現
人文韻味風格。圖片提供_本晴設計

　　原本是建築材料的水泥，近年來也從結構功
能走進居家空間，不須再假覆蓋裝飾面材質，
可直接以完成面的方式展現空間風格，看似單
調的表面透過各種板模展現多種表面紋理，或
是與異材質結合的新趨勢正方興未艾。例如常
見的清水模牆面，訴求自然紋理與色澤，或是
在空間中以水泥板做為隔牆，在不碰天花板或
其他牆面的原則下，依靠鋼做為主結構，形成

水泥板與Ｈ型鋼的異材質結合，未加修飾的水泥散發出自然純樸質感、粗獷味道，在廣大的空間裡，尤能顯現其原始風味，可營造出現代風、工業風或日式禪風。在如今繁忙的現代生活，水泥傳遞空間質樸感的特性，加上容易與其他天然材質混搭，成為不少人青睞的裝潢選擇。

為表現水泥自然本色，過去大都採用水泥粉光地板，而水泥經由混和水及砂石成為混凝土，在未凝結前具有泥漿軟性，可隨模具創造多種一體成形的造型，因此，漸漸有屋主不僅大膽將水泥用於地面、牆壁及天花板等三維空間，並開始嘗試用水泥來製作桌子、浴缸等傢具，勾勒出個性居家氛圍。若想要打造清水模的光滑感，現今絕大多數人會選擇施工快速、耐磨的自平性水泥地板，以簡單整平工具就可達到表面平整的地坪，無需特別照顧，適合大面積空間，過去多運用於公共空間，現在也開始使用在居家之中，但相對成本較高。

優點

材質成本低、抗壓強度大，並且具有耐磨性、耐久性、隔音性強，運用於空間上，傳遞人文質樸感，可塑性大，可使用於天花板、地面、牆面，甚至運用於傢具的製作，容易與其他異材質搭配，展現多變、易搭配特性。

缺點

水泥本身易熱脹冷縮，容易有龜裂、起砂的問題，再加上台灣本身是個地震頻繁的地區，若是無接縫的水泥粉光地板，很有可能會產生裂痕，水泥很怕受潮，不僅須注意保存與施工過程，施工後的養護動作也要確實執行，才能

提升水泥強度，延長壽命。

搭配技巧

· **空間**／水泥可結合鋼構、金屬鐵件、木質、玻璃等多元材質，展現異材質的多元搭配，大玩混搭視覺效果，藉由色彩與材質紋理的豐富變化，為空間注入活潑、個性的美感！

· **風格**／藉由水泥裸露的元素，混搭傢具等配件，可營造出流行的現代極簡風、工業風、Loft風，也可搭配出日式禪風，可塑性與變化性強大。

· **材質表現**／可保留水泥本身原始的粗獷紋理與觸感，也能透過人工施作表現手感紋理質感。

· **顏色**／以灰色為基本色調，可延伸出深、淺色系，達到冷暖效果，現今已研發出彩色水泥，是在磨粉過程中加入顏色塗料，施工時，可在未乾的水泥地面上加上一層彩色混凝土，能應用於室內、室外空間設計。

水泥過去多隱藏在表面材質之後，近年來從配角躍升為主角，直接做為空間的表面裝修，直接做為天、地及壁面的原始素材。圖片提供＿萊特創意水泥公司

水泥混搭

水泥 × 金屬

比起華麗誇張的設計，現代人更希望家回歸到最純真的質樸感，不過度裝潢、裸露水泥結構的空間，搭配機燈具、鐵件老傢具及復古老件，愈來愈多人愛上工業風帶來的率性氣息，加上清水模的興起，因此，水泥漸漸也「浮出檯面」，成為居家空間的重要建材，它自然不造作的紋路與質地，與混搭性極高的特質，為空間帶來舒適人文氣息。在設計手法上，除了作為清水模牆面，帶來自然質感空間，生活中也常見以鋼構為主要結構，再以光滑模板灌漿而成，例如以鋼構技巧，打造出懸臂樓梯，呈現視覺輕盈感。

水泥與鐵件的結合，是營造個性獨特、潮流感的絕佳搭配，像是運用鏽感表面處理的鐵件包覆水泥牆柱，或是自由混搭在寬闊空間中，都能創造穿透與層次錯落的空間表情。具有豐厚度的水泥牆，中間嵌入薄型鐵件，可形成材料多種變化可能，而這也是木質無法完成的任務，希望創造更多想像的居家風格，可透過運用一些顏色鮮明、質感特殊，或是帶有懷舊味道的傢具傢飾做搭配，即能營造出獨一無二的居家氛圍。

水泥與鐵件的結合，不僅能營出個性居家風格，利用光影的層次，也能營造冷調又不失溫度的人文意涵。圖片提供_本晴設計

施 工 方 式

水泥 × 鋼

　　以鋼為結構主體，再使用水泥灌漿，除了可以將水泥封在牆內，並可讓水泥與鋼網緊密結合，不僅可做為空間的牆柱設計，也延伸出鋼構技巧，像常看見的懸臂樓梯，牆、梯面便是以鋼作為主要結構，再以水泥灌漿於表面，形成懸空的樓梯，呈現出輕盈感。此外，設計手法上，也有以裸露H型鋼為牆柱，銜接水泥製作的地板與天花板，形成另一種混搭方式，讓空間完美展現粗獷的工業風。

水泥 × 鐵件、銅件、不鏽鋼

　　水泥與鐵件的結合，可用於表面的處理，像是運用鏽感表面處理的鐵件包覆水泥牆柱，創作空間層次感，此外，也會在有厚度的水泥牆間嵌入薄型鐵件或銅件，可形成材料多種變化性。近幾年，水泥也運用於傢具上，以金屬為主架構，灌漿製成檯面，製作吧檯或餐桌，或是以水泥為主體，再嵌入鐵件或不鏽鋼做為檯面，頗有混搭趣味性。

收邊技巧

水泥╳鋼

　　水泥與鋼構是現今建築常用工法，灌漿是最需注意的程序，在灌注混凝土時，要一次完成，避免二次灌注，產生二次結合的裂縫，此外，鋼骨樓梯在灌注水泥後，樓梯表面必須要再做整平的處理，水泥表面要避免陽光照射，否則易因快速自熱而產生表面裂縫，而樓梯扶手若也是預埋的鋼構，則要確定螺絲或者是鋼柱的位置，避免二次施工，轉角點的收邊也要注意粗糙面或尖銳處所造成的危險。

水泥╳鐵件、銅件、不鏽鋼

　　台灣人習慣用收邊條或是裝飾材收邊，不過，若是以粉光水泥天花板、鐵件所搭配的工業風，多半保留水泥的直角和原始感，要特別注意的是，水泥容易受潮，故通常會凹凸不平，施工時需做表面的平整，而鐵件金屬則要避免潮濕所產生的生鏽，以及鐵件的粗糙面所帶來的危險。此外，當水泥與鐵件或金屬面做結合時，要注意是否足夠承受其重力，施工時，要避免灌注水泥後產生銜接面裂縫，故收邊時也要特別注意。

計價方式

水泥／多以坪且含工帶料作為計價方式，價格帶約在NT.3,000～10,000，但若以清水模工法施作，則需視其設計等各種因素計價。
金屬／需依使用的金屬種類及設計個別計價。

194

水 泥 x 金 屬

空間應用

意外合拍的金屬、水泥「地毯」

一般古典空間中常見以石材地坪來彰顯貴氣，或藉木地板來增加空間溫度，但設計師跳脫傳統思考，僅在周邊以人字工法貼上木地板，中間則以金屬線條設計矩形框邊與分割線，接著再灌入水泥鋪平，為古典風格注入現代時尚感。而且特意將金屬線條做成圓弧邊框，恰可做為水泥的伸縮縫，也更見細膩感。圖片提供_邑舍設計

用鍍鈦鐵件創造空間亮點

不論是平整灰花的水泥粉光地面，或是特別經過木紋脫模的牆面，在這個以水泥為主要素材的客廳區裡，色系的應用都是低調的灰。透過融入黑色鐵件深刻了空間輪廓，搭配未來感明顯的鍍鈦鐵件創造亮點，與樸實無華的水泥也有了更精緻的表情。圖片提供_尚藝設計

水 泥 x 金 屬

在垂直與水平之間，蘊藏自然素材，凝聚家人情感的質樸韻味空間

H O M E   D A T A

地點 台北市｜坪數 74坪｜混搭建材 清水
混凝土、磐多魔地板、鋼刷風化梧桐木、
鋼構、鐵件、清玻璃｜其他素材 台灣檜
木、大理石

文 于靜芳
空間設計暨圖片提供 九號設計

忙碌了一天，回到家總希望有個簡約靜好的空間，與家人們一同在餐桌上分享著每日點滴趣事，卸下肩上的工作壓力。本案位於台北市萬華區，從事建設業的屋主，希望居家空間能回歸原始的質樸感，並且符合三代同堂的機能規劃，在與設計師溝通後，嘗試混搭水泥、鐵件、木質等自然材質，詮釋人文質感、沉穩舒適的空間氣息。

運用原始的樓中樓格局，一樓規劃為客廳、餐廳、孝親房與孩子房，二樓則為屋主的私領域空間。住宅採開放式設計，一樓公共區域的大面積地板選用深灰色磐多魔材質，搭配串連一、二樓空間的淺灰清水模壁面，以及淺木色調的鋼刷梧桐木立面，保留材質原始的紋理與觸感，而在樓層間則以黑色鐵件、鋼構材呈現工業精緻質感，輔以清玻璃的透亮輕巧表情，藉由水平、垂直高度的變化，與家人互動的穿透性設計，不僅凝聚三代間的感情，也營造出屋主喜愛的沉穩居家氛圍。

餐廳是一家六口的生活重心，同樣以清水模壁面與客廳劃出區隔，並在壁面上方保留空間，增加細部變化外，也放大空間感，讓動線與視覺流暢，也藉由挑高落地窗的大片自然光互相串連而更顯寬敞，用餐空間以溫潤的梧桐木為素材，鑲嵌於牆面上的造型餐桌，延續木質與玻璃的合作，打造出沐浴於大自然的用餐環境。結合清水混凝土、鐵件金屬、木材的質樸特性，層層堆疊空間的豐富層次感，勾勒出與自然為伍的生活想像，慢慢構築成一個美好的住家空間。

198

① **清水模牆面混搭質樸鐵件、梧桐木素材** 串連一、二樓
空間的淺灰清水模壁面，側邊搭配淺木色調的鋼刷梧桐木
立面，呈現不造作的質樸手感，並以雷射切割與鋼構技
巧，打造出線條簡約的樓梯扶手、懸臂梯面，裡面其實是
以鋼板作為主要結構，再以光滑的模板灌漿而成，輔以清
玻璃材質，呈現出輕盈感，對比出粗獷與細緻的趣味性。
② **磐多魔地板與異材質傢具的巧妙結合** 一樓大面積地板
選用深灰色磐多魔材質，無接縫特質不僅容易清理，更能
保留材質原始的紋理與手刷質感，由於屋主喜歡質樸人文
味，設計師在客廳特別訂製木質手把、皮革結合的座椅與
地毯織品還有看得到年輪紋路的實木桌，營造出屋主喜愛
的泡茶空間。

③ **溫潤梧桐木打造沐浴於大自然的用餐環境** 鑿空的清水模牆面引入窗外光線，界定出餐廚區域，並放大空間感，讓動線與視覺流暢，餐廳空間以溫潤的梧桐木門片為素材，設計大量收納空間，鑲嵌於牆面上的訂製造型餐桌，延續木質與玻璃的合作，營造自然質感。④ **工業風質感鐵件襯托出清玻璃的透亮感** 挑高的樓層間以黑色鐵件呈現工業精緻質感，輔以清玻璃的透亮輕巧表情，藉由水平、垂直高度的變化，與家人互動的穿透性設計，不僅凝聚三代間的感情，也營造出屋主喜愛的沉穩居家氛圍。落地窗引進大量自然光，午後陽光灑入屋內，讓鐵件、玻璃更加晶透細緻。⑤ **運用鋼構結合玻璃、大理石傳達古典語彙** 在一樓入門的玄關處，由於屋主喜歡飼魚，運用雷射切割與鋼構技巧，打造出結合鋼構、白色大理石、玻璃的生態水族箱，流動的水景與盎然的綠意，宛如優雅的藝術品，設計師並在旁擺設高腳植栽，襯上玄關兩旁的溫潤梧桐木、清水模牆面，禪風韻味沈澱心靈。

⑤ **木質、清玻璃的兼容並蓄 打造私領域空間** 沿著樓梯而上為屋主的私領域空間，以鋼刷梧桐木立面為主軸，設計師將
屋主收藏的藝品規劃於動線端景處，從二樓的每個角落都能欣賞到，清玻璃與鐵件圍塑的大片立窗，將一望無際的高樓
美景收藏在自家中。⑥ **大理石與木材的相襯 讓衛浴從副空間升級為正空間** 延續木色與灰色的主體色系，衛浴以鏡面放
大視野，賦與簡單的自然材質鋪陳空間主體，運用黑色大理石、木質打造舒適感空間，運用蒸氣箱設計，環繞著自然的
呼吸循環，讓屋主卸下累積許久的工作壓力。

⑧ **清水模牆面豐富男孩房的變化** 在一樓的男孩房，同樣點綴使用簡約的清水模材料，讓空間的佈置上即使沒有花俏的設計手法，但隨著明亮的大片採光，讓光影的變化豐富了空間中的表情，搭配白色塑料衣櫃，展現率性男孩房的沉穩空間氛圍。⑨ **臥室保留原始木質的面貌** 位於一樓的孝親房，臥房床頭牆面採用台灣高級檜木，不同於一般裝修，表層不上油漆，僅漆上一層植物性護木油，保留原始木質的樣貌與質感，並搭配白色系寢具，讓臥室充滿簡約純淨感，幫助長輩睡眠。

水泥混搭

水泥 × 板材

水泥為目前建築的主要材料之一，板材則除了作為隔間、天花板材外，主要功能是作為裝飾材用途。原本屬於基礎建材與空間配角的這二種建材，近幾年在追求不多做修飾的設計潮流影響下，漸漸擺脫過去印象，被大量混用於居家空間。

相對於水泥的簡單、質樸，板材因構成的材質不同而有較多選擇，常見與水泥做搭配的有鑽泥板、OSB板、夾板等，其中碎木料壓製而成的OSB板及含有木絲纖維的鑽泥板，二者表面粗獷的肌理正好與水泥的不加修飾調性一致，彼此互相搭配能強調空間的鮮明個性，同時又能軟化水泥的冰冷，為居家增添溫度。

至於利用膠合方式將木片堆疊壓製而成的夾板，經常不再多加修飾展現木素材天然紋理，與水泥一樣追求反璞歸真的原始感，而且二者皆可作為結構體同時也可是完成面，互相搭配不只能展現材料本身的質樸感，更是簡約風格的新詮釋。

鑽泥板的木屑壓縮舖地與水泥粉光地板調和出質樸氛圍。圖片提供_井閣設計

施工方式

　　板材的施工方式大多是以白膠、萬用膠等黏合，再以粗釘或暗釘強化固定，但若是作為隔間牆，地坪為水泥粉光時，建議依坪數大小調整施工順序，考量水泥粉光施作的便利性，坪數小的空間應先進行地坪施工，之後再進行板材隔間施作，坪數較大的空間則沒有先後順序的限制。

收邊技巧

　　板材收邊較常出現在製作成櫃體，一般會採用收邊條做收邊處理，大多選用貼木皮收邊條，但如果喜愛天然質感則可選擇實木收邊條，當以板材做成隔間牆而地坪為水泥時，則在二者交接處以矽膠做收邊處理即可。

計價方式

水泥／多以坪且含工帶料作為計價方式，價格帶約在NT.3,000～10,000，但若以清水模工法施作，則需視其設計等各種因素計價。
板材／板材種類繁多，需依使用板材，以片或者才為價格做計算。

水泥 × 板材

空間應用

用 OSB 板強化隨興調調

以Loft隨興概念為客廳設計主軸，將水泥粉光地面當作舞台，再以定向鑽泥板交錯疊合的質感做背景，配襯管線外露燈具加深粗獷感。充足的採光不僅帶來明亮，令色彩繽紛的傢具得以舒眉展顏各自靈活；亦可增加光影變化讓空間更富魅力。圖片提供_汎得設計

以素材原始樣貌強調空間個性

過多後製加工常讓素材失去原始樣貌與味道，因此選用多做為底材的鋸紋板做為牆面主視覺，藉由木材的自然紋路讓牆面表情變得豐富，而以清水模塗料處理過的牆面，呈現質樸的水泥質感，恰好呼應空間不造作、自然調性。圖片提供_六相設計

用鑽泥板與水泥粉光
賦予簡約調性

入口旁矗立的鑽泥板身兼三職，一是作為玄關與內部空間
的界線分隔，二是為了降低回音的吸音材料，最後則是為
了配合反璞歸真的設計概念，透過不經修飾的素材原貌接
續空間追求自然的風格。圖片提供_非關設計

水泥 × 板材

展現素材原始本質，打造無拘、隨興的溫馨居家

H O M E　　D A T A

地點 台北市｜坪數 39坪｜混搭建材 優的鋼石、吸音木纖板｜其他素材 馬賽克、愛樂可合板、美耐板、老電桿鳥踏（南洋櫸木）、生鐵、貨櫃五金

文 玉玉瑤
空間設計暨圖片提供 非關設計

這棟位於台北市約38年的老公寓，擁有難得的三面採光優勢，但過去傳統的三房二廳隔局規劃，卻讓這極佳的條件無法完全發揮。臥房、浴室、與廚房雖然擁有房子最充足的光線，但室內其餘空間卻被房間隔牆阻斷了與戶外的連結，可惜了外面的一片綠色景緻。因此，為了解決採光無法均衡分佈於每個空間，並引入戶外景色，設計師不只將所有隔牆打掉，更跳脫制式想像，改以「斜牆」重新界定出兩間臥房、浴室、與更衣室，並藉由「斜牆」化解視線受到直角隔間阻隔，讓人身處於任何角落，幾乎都可以「看穿」房子，空間因視線受到導引、延伸，變得更為開闊，處處皆能感受到陽光與綠意。

屋主喜愛自然、不多作修飾的空間感，因此整體隔局重新調整後，視拆除後的狀態，再適時決定是否添加新建材。像是一半原始水泥模板、一半打底粉光粉刷的樑柱，其實是拆隔間牆時保留下來的，因為斷面完整，索性就把它當成空間裡的一個特色，還有玄關入口處陽台，在拆除原始馬賽克外牆後，與其重新砌一面牆，不如留下斑駁磚牆來得更有味道。

考量老屋隔音問題，同時又希望保留屋高，因此直接在平釘了一層夾板的天花板貼上吸音木纖板，吸音木纖板表面的粗獷肌理接續素材不做修飾的概念，同時也有絕佳的隔音效果；新做的木作櫃體採用可自由移動的型式，相較於釘死的櫃體，使用起來反而更為靈活，材料則使用低甲醛合板，松木天然的紋路迷人也很環保。不論建材新或舊，設計師皆以自然、原始的素材做選擇、搭配，除了追求實際面的環保、天然外，也巧妙讓新舊融和為一體，替這個老空間創造出一個溫暖居家的新風景。

1

1 不只是隔間，同時兼具導引、延伸功能 斜牆不只讓視線得以延伸，擴大空間開闊感受，同時也讓光線毫無阻礙地引進室內，改善原本舊有隔局採光不佳的陰暗空間印象。**2 輕淺的黃色軟化空間冷硬調性** 大多數講求自然、環保的材料，顏色多是偏向原色系，因此選擇在用餐區的牆面刷上黃色，活潑空間色調的同時，也替居家帶來新清氣息。

❸ **展現基礎素材的樸實之美** 空間裡大量使用不多做修飾的原生素材，廚房櫃體採用原本使用於櫃體內層的愛樂可合板，吧檯則是以鐵件打造，捨棄表面多餘裝飾，讓素材的原始紋理，豐富空間層次感受。❹ **強調原始自然的手感磚牆** 拆除原始的牆面，駁斑的磚牆其實更具歷史手感，因此決定保留下來，地面採用木紋磚，除了好清潔的優點外，木與磚的搭配也更能呈現自然質樸況味。❺ **利用材質特性改善空間劣勢** 沙發背牆上半部利用板材打造成雙面吊櫃，下半部則採用強化玻璃，將玄關陽台面的光線引進室內，讓光線得以均勻地灑落在空間裡。

⑥ **質樸水泥傳遞寧靜空間感** 灰色的水泥牆面為主臥空間帶來沉靜氛圍，不需太多無謂的贅飾和設計，被自然素材圍繞的空間，自然而然讓人感到放鬆、紓壓。 ⑦ **充滿童趣與想像力的兒童房** 小孩房同樣保留空間原始樣貌，只在一面牆上刷上藍色油漆添加活潑感，衣櫃則做成斜屋頂的樣子，尺寸依照小朋友衣服設計，另外附有輪子可將兩座衣櫥面對面關起來，成為一棟衣櫃小屋。 ⑧ **在綠色景緻裡享受片刻悠閒** 南邊面對很多樹的陽台設置主臥衛浴空間，上廁所、沐浴時面對一片樹海，不只讓人心情得以放鬆，在繁忙的都市裡也別有一番情趣。

Chapter 5

勾勒浮光掠影的地板材————— Epoxy

Epoxy × 金屬

無接縫特性帶來
視覺完整美感。

Epo

x y

圖片提供_汎得設計

無接縫特性，
創造獨特空間語彙

Epoxy 運用

趨 勢

————

　　隨著自然建材，像是實木地板取材愈趨昂貴，加上室內設計愈來愈喜歡實驗性的運用新建材，創造獨特空間語彙，具有無縫特性的 epoxy，能塑造光亮平整地板表面，近幾年來開始被廣泛使用在居家空間內。

　　如果講起 epoxy 腦中一點概念都沒有，可以試著回想許多大賣場的地板是否都平整無縫？那是因為大賣場面積廣大，為了便於清理打掃，大多會選擇水泥粉光面或 epoxy 這類能大面積覆蓋製造平整表面的建材。尤其 epoxy 因為是塑料，具有彈性、防蝕、耐磨、無縫易清潔等優點，更是普遍運用在停車場、大賣場、工廠廠房等地方。epoxy 其實早已被使用於空間中，只是過往以實用性質為思維考量，大多使用於需

抗磨、注重公共衛生的大面積地坪，過往台灣人習慣居家空間隔間多，地坪相對封閉，一開始並未聯想能運用在室內地板上。

隨著居家品質提昇，開放空間享有寬敞視覺，公共空間地坪逐漸拉大，epoxy相較於普遍使用的磁磚，具有無縫不卡污優勢，並且獨有特性創造出來的明亮、視覺完整特色，讓空間無需打蠟就擁有光潔質感，放大視覺，如果小空間運用得當，即使地坪小，也可藉由此特性擁有空間延伸感，加上材質對室內設計領域來說是新穎建材，具實驗性與新鮮感逐漸成為裝修時納入考量的常用建材之一。

從工廠廠房進駐居家空間

尤其近年來風行粗獷工業風，以工廠廠房普遍使用的epoxy地板為空間基調，擺放工業風傢具，就能創造冷調靜謐氛圍。有些人以為鋪設epoxy只能單色運用，其實那是早期印象，現在可挑選的顏色多樣，除了基本色系黑、白、透明之外，具有巧思的設計師們甚至會加入不同材質，像金剛砂、金蔥等金屬建材，創造不同視覺想像。於是有些人會在居家保留大片空白，以epoxy地面為空間主視覺，地面材質略帶透明膠質感，反射光線帶來輕巧視覺效果，只需擺放少量線條簡單傢具，利用反差創造獨具品味的極簡現代氣息。

對有些人來說，epoxy最美麗時分是在使用過後一段時間，光亮表面逐漸褪去，呈現平滑溫潤感，帶了些歲月痕跡才是真正好看。只是雖然epoxy耐磨，但缺點是易生刮痕，表層若有濕氣容易滑倒，倒是保養容易，只需用靜電拖把抹去灰塵即可。

epoxy地面材質略帶透明膠質感，擺放少量線條簡單傢具，藉由反差創造獨具品味的極簡現代感。圖片提供＿汎得設計

塑料特色
讓Epoxy獨具風華

Epoxy解析

特色

epoxy運用在居家空間上，地面全然無接縫的特點讓空間呈現一種莫名完整性，正是毫磚無法帶來的視覺美感。圖片提供＿雲邑設計

epoxy也稱環氧樹脂，是種雙液材質混合的建材，最初使用在工廠廠房及大型賣場，是因為塑料材質帶有彈性，且整面鋪設不帶縫，不易龜裂。一般見到光滑平整的表面，是分3次施工鋪設的工法。需混合A劑（母劑）和B劑（硬化劑），按照比例混合後攪拌A劑和B劑，使其產生熱反應後就要馬上傾倒在地面等待硬化。不過鋪設前，必須先確保地面平整度，因此通常

會先打掉地板基層，整地後才加以施作，以確保地面水平一致。鋪設過後需靜置2～3天等待硬化，即使看似硬化完整，一星期內最好還是不要在表層施放重物較為保險。

epoxy最大特性就是無縫不卡污，雖然變化不似磁磚多樣化，色彩選擇上也有限，但對於喜歡單純明亮色系的族群來說，epoxy選擇性相較上已經豐富，且磁磚雖然變化多，卻無可避免在視覺上必須留下接縫痕跡。只要施工優良，epoxy運用在居家空間上，地面全然無接縫的特點讓空間呈現視野完整性，正是磁磚無法帶來的視覺美感，也是此材質獨特特質，因此普遍運用在喜愛現代感或工業風的室內空間。

優點

epoxy創造了地面全新無縫效果，具有好清潔整理特性，適合家中有養寵物的族群。因為是塑料材質，具有耐磨、附著力強、使用年限長的優勢。對於喜歡用便利方式打掃家裡的人來說，不用再為了木地板或磁磚接縫容易卡灰塵，導致清潔不易而困擾了。施工上也比較省時間，只需鋪設塑料液體，等待硬化即可，不會製造工地現場的粉塵，維持空間清淨感。

缺點

若長時間接觸水面，硬化劑會因此而氧化導致變白，因此epoxy材質不適用在容易接觸到水的區域，例如浴室、廚房。而且因為是塑料材質，施工期間工地現場會有濃郁刺鼻的化學氣味，久聞了身體容易不適。且表層容易損傷，裝修完工後，進住後需小心搬動家具，避免刮傷地面。並且要遠離火源和熱氣，冬天時分若使用暖爐取暖，建議在底部擺放隔熱墊，隔離熱源，以免表面產生剝離現象。

搭配技巧

・**空間**／主要運用在地面，也可使用在壁面，添加金屬粉末噴灑在表面，可呈現光滑金屬效果，略帶時尚感。如果想製造特殊視覺效果，也可在鋪設地板時，在塑料內添加色粉，就能擁有喜愛的地面色彩。

・**風格**／因為是塑料材質，硬化後表面呈現光亮質感，運用在室內設計上，風格適合現代風、極簡風或工業風等較為時髦的風格呈現。也適合略帶頹廢感的LOFT風，但在傢具擺飾的選擇上，建議不妨更大膽考量，營造視覺上反差，襯托epoxy特色。

・**材質表現**／明亮通透的表層是epoxy基本特性，如果想要讓空間更見獨特，也可利用材質混搭的手法。例如洗石子壁面搭epoxy地板，利用洗石子的粗糙特質突顯epoxy光亮特性，混搭同時讓空間別具魅力。

・**顏色**／epoxy基本色系是黑、白、透明。運用在空間內，依照主人喜好，搭配的傢具色系同時決定了風格呈現。喜歡活潑氣氛，可以挑選明亮色系傢飾物，而沉穩大地色系的傢具，迎合epoxy的低調光滑特性，呈現沉靜氣息。

epoxy基本色系是黑、白、透明。運用於居家空間時，可藉由傢具、傢飾的搭配，替空間風格做定調。圖片提供_邑舍設計

Epoxy × 金屬

室內設計逐漸被台灣民眾重視後，普羅大眾開始對空間內可使用素材的需求愈趨多樣化。磁磚、木地板都是地面常用建材，但對追求新穎時髦的人來説，更期望能在居家內創造嶄新語彙，也因此原本是廠房或大賣場普遍使用的epoxy，因為能塑造光亮無縫地面效果，開始被運用在居家空間內。有些人會認為epoxy地面展露的視覺效果太過商業感，但空間設計本來就應該帶有更多可能性，不該被侷限，而會使用epoxy的族群通常本身個性的確也比較特立獨行。

Epoxy地面因為表面明亮，而金屬建材的剛硬質感和epoxy地面屬性很搭，適合勾勒現代、前衛空間氛圍。通常建議運用在現代氣息的室內設計時，擺放傢具應該盡量精簡，形式簡約，放大空間視覺，同時激盪出空間的和諧與寧靜，才能發揮epoxy獨有特性，假設空間凌亂狹小，就會喪失美感。

搭配金屬建材時，建議局部使用即可，若是滿室都是金屬建材反而顯得厚重。可以選用在金屬門框、燈具，其他傢具像是沙發、餐桌、廚具，還是可以選用木材、皮革或玻璃等天然材質，藉由天然物料的溫潤特性滋潤epoxy身為塑料材質的冰冷特性。

塑料的光亮特性，具有剛硬魅力，深受喜愛現代質感的人喜愛，掌握恰到好處讓空間一體成形的完整肌理。圖片提供_無有設計

施工方式

Epoxy × 金屬粉末

　　Epoxy因為只能運用在地面上，需要慎選空間配件，混搭出獨特品味。一般熟悉的金屬建材並不是只能運用在傢具家飾上，金屬粉末也是一種少見但能創造獨具特性視覺效果的選擇之一。通常被廣泛使用在商業看板、招牌上，使用噴漆技術摻入金屬粉末的特殊技法，運用在空間壁面中是一件有趣的事。而且可塑性高，能利用電腦構圖控制噴染效果，也能依據喜歡圖樣勾勒喜愛圖騰做成壁飾。

Epoxy × 金屬家飾

　　Epoxy是近年來開始被運用在室內空間內的新穎建材，雖然只能用在地面上，但因為本身特性出眾，完工後的明亮特質，搭配金屬家飾，迎合目前普遍喜好現代風的空間潮流。金屬家飾可選擇性高，金屬椅腳的沙發座椅，金屬噴漆的燈具……等都很適合和epoxy地面做搭配。但因為epoxy不耐刮，搬動家具時要格外留意。

收邊技巧

Epoxy × 木作

　　使用epoxy建材的地面收邊方式和一般比較不一樣，像是磁磚或是木地板，可用木作、金屬邊條等收邊方式，但因為epoxy在施工過程中是液態的蔓延在鋪設區域，因此只能直接連接到地面。為了讓空間完整，可用踢腳板或是空間內原有的木作規劃做一個整合的動作，完成收邊。

Epoxy × 玻璃

　　想創造時尚感風味重一些的空間特性，可以嘗試在接近地面處使用鏡面玻璃作為epoxy的收邊技巧。因為epoxy本身表面就帶鏡面效果，在靠地面處鋪設鏡面玻璃，和epoxy地面互相呼應，也是一種新奇但和諧的設計技巧。

計價方式

每坪連工帶料 NT.2,000～8,000元不等。依據材料等級和現場狀況而定。

Epoxy × 金 屬

空 間 應 用

低調epoxy地面語彙

霧面的金屬燈具，白色金屬門框，加上沈
靜的epoxy地面，勾勒空間安詳語彙。圖
片提供_無有設計

金屬支撐架跳出趣味

既然金屬和epoxy很搭，但又想有趣味一
些，因此設計師在臥房內利用金屬設計了
一條綠色支架，是裝飾也可當衣架。圖片
提供_無有設計

空間完整性，
如同隱形收邊

因為無明顯收邊，因此空間在規劃設計
時，整體視覺線條應該盡量簡約俐落，維
持空間完整性。圖片提供_無有設計

注重接觸面
的細節品質

無縫地板epoxy的收邊方式比較特殊，通
常利用空間內的傢具和櫃體創造如同收邊
的語彙。圖片提供_無有設計

Chapter 6

永久耐用，並獨具迷人魅力 ——— # 金屬

金屬 × 玻璃

以剛毅堅實特質，
展演粗獷、精緻的空間個性。

M e t

al

展現不受拘限，
剛柔並濟的可塑性

金屬運用

趨 勢

金屬在居家空間中最常在五金配件或者窗框中看到，由於金屬大多給人冰冷的印象，且應用層面有限，似乎和講求溫暖的居家調性有點格格不入。但隨著大眾對居家美感提昇，愈來愈多人意識到居家空間應該建立在健康舒服的本質上，而不是過度華麗的裝飾。展現材質本身樣貌，並且不刻意過度修飾的做法，使得一些可以同時作為結構及完成面的材質如水泥、金屬、板材等，被重新思考在基礎建材的使用價值。

就金屬材來說，室內裝修經常使用到的主要有鐵材、不鏽鋼，以及銅、鋁等非鐵金屬。鐵材是鐵與碳的合金，另含矽、錳、磷等元素，依外觀顏色可概分為「黑鐵」與「白鐵」。表面

呈現白金屬色澤者，如不鏽鋼，由於較能防鏽、可長時間維持原有的金屬色，故俗稱「白鐵」，至於鑄鐵、熟鐵等則統稱為「黑鐵」，顏色上雖有所差異，但同樣能為居家空間注入個性與現代感。

不多做修飾，保留材料原始個性

　　金屬材運用在居家空間難免在視感上略顯冰冷，但金屬韌性強，可凹折、切割、鑿孔，可焊接成各式造型，也讓空間因此更具設計感與變化。因此，除了早期較常使用的鐵材與不鏽鋼外，質輕、延展性佳、硬度高的鈦金屬，近幾年也成為頗受歡迎的金屬材之一，而且藉由不同加工處理，可讓鍍膜呈現黑、茶褐、香檳金、金黃等顏色，更增加其使用的普遍性。而近年復古、Loft風、工業風盛行，使得原本並非應用於裝潢的金屬擴張網、孔沖板等，或者原為結構體的H型鋼，也成了金屬材的選項之一，不只在商業空間廣受青睞甚至成了居家空間設計的新寵兒。

　　本質鋼硬的金屬，施工有一定難度，因此

過去受限於施工經常無法盡情展現其特色，然而工法與時並進，可塑性原本就高的金屬，因此能藉由現代工法展現更多不同造型，甚至在頂尖工藝的配合下，更能以薄片、纖細化的線條呈現輕盈質感，擺脫金屬原本予人的厚重印象。而原本亮度高的表面，則在愈來愈多人追求舒適、不過多裝飾的前提下，改以低調的霧面做呈現，進一步在金屬表面做鏽蝕處理展現斑駁紋理之美。而過去總和精緻無法劃上等號的金屬材，現在則可運用鍍鈦鋼板營造居家空間的時尚感，雖然價格不菲，但其高級質感無可取代，也讓金屬材有了粗獷以外的新面貌。

以金屬材做framework屏風隔屏，增加視覺上的變化，同時讓以溫潤木素材為主的空間，展現簡特個性。圖片提供_森境建築＋王俊宏室內裝修設計工程有限公司

質感堅硬，
卻蘊藏無限可能

金屬解析

特 色

鐵件可塑性高，甚至可以薄片造型鑲嵌於
牆面，讓格飾具又顯輕盈感。圖片提供＿
尚藝設計

　　金屬材雖然質感堅硬，但延展性與可塑性
高，可以切割、凹折等不同手法，讓造型千變
萬化。一般來說，鐵件是金屬材裡較常被使用
的材料，因其承重力比起相同體積的實木來得
強大，也比系統板材的強度高很多，相同承載
量造型卻可比木作更為輕薄，所以常用來打造
櫃架。至於鈦金屬是利用金屬在高溫的真空狀
態下交換離子的物理特性，將鈦離子附著於金

屬表面形成一層硬度極高的保護膜，抗氧耐磨不褪色，因此不只適用於居家，也適合作為戶外建材。價格上鈦金屬遠比鐵件來得昂貴，因此普遍性不若鐵件來得高，但若希望呈現具個性又帶有奢華感的空間，不妨選擇鈦金屬做表現，而價格相對較低的鐵件，雖然質感較為原始、粗獷，但其實藉由電鍍、噴漆或烤漆等加工處理，也能展現與原始質感迥異的樣貌，並更符合空間風格需求。

優點

金屬本質堅固，因此大多相當具有耐用特性，而其中硬度較高的鈦金屬，不只質輕、延展性佳，且耐酸鹼、表面不易沾附異物，室內室外皆適合使用，至於俗稱為「白鐵」的不鏽鋼，不容易生鏽，還可長時間維持原有的金屬色澤，保養上相當簡單容易。

缺點

鈦金屬硬度雖高，但表面鍍膜一旦受損就無法修補，加上造價昂貴，因此在保養上難免需要小心避免碰撞、刮磨。鐵件的使用普遍，但表面若不經過電鍍、陽極等處理容易生鏽，因此需定期刷漆做保養。

搭配技巧

· 空間／大量在空間裡運用金屬，會讓空間顯得較為冰冷，因此使用數量，最好視空間大小、比例適度使用，以免讓居家失去應有的溫度。尤其台灣居家空間坪數通常不大，因此建議盡量選擇輕薄、纖細線條造型，讓空間展現輕盈感，化解使用過多金屬帶來的壓迫感。

· 風格／因質感特殊，所以金屬往往呈現的多是俐落、簡潔設計，而這樣的設計相當適合極簡的現代風，或者講求屋主獨特個性的工業風、Loft風，但若是在鐵件上做繁複的雕花造型，則適合運用於古典風格。

· 材質表現／藉由表面的加工處理，便可賦予金屬不同的樣貌，鐵件可利用電鍍、烤漆等，改變表面不同的質感與觸感，鈦金屬則是透過加工讓鍍膜呈現黑、茶褐、香檳金等不同顏色，不論是質感或顏色的改變，都能讓金屬材在視覺上有不一樣的感受，進而改變整體空間感。

· 顏色／顏色的搭配與選擇，應視與其搭配的建材或者整體風格，再以烤漆、噴漆等後製加工施作出需要的顏色。不過多數人就是喜愛金屬原始的樣貌，因此在顏色上大多不會做太大改變，大多只在表面塗上做為保養用途的油漆或透明漆。

大型置物架，運用鐵件打造層架，以鐵網線條為造型，呈現輕薄與懸浮感。圖片提供＿近境制作

231

金屬 × 玻璃

鐵件金屬經常被運用於機能性或結構性設計，甚至在裝飾藝術上也廣受重用，舉凡不鏽鋼、黑鐵板、沖孔鐵板、鍍鈦板都是室內空間常見的金屬材質，鐵件金屬的質感有如精品般的精緻，它和玻璃混搭最大的優點是，玻璃有厚度的問題，而不鏽鋼或鐵件可以摺，這時候就能利用金屬做為玻璃的收邊處理，厚度既不會裸露出來，兩者結合又能呈現工業、現代、科技或時尚感各種氛圍。

另一方面，金屬的厚度可以作到很薄，僅僅幾厘米的厚度，但同時卻又能擁有相當堅固的結構性，施作為樓梯或是櫃體，能夠為空間帶來細膩的線條變化，抑或是運用結構施工的改變，讓鐵件宛如鑲嵌至玻璃內，加上內藏燈光的設計，創造出獨特的燈箱效果。不過要提醒的是，玻璃較沒有使用範圍的侷限，然而以金屬材質來說，亮面不鏽鋼、鍍鈦不建議運用在浴室內，前者會造成鏽蝕，鍍鈦則是易有水垢的問題產生，另外黑鐵烤漆亦不適用於浴室，同樣也會有生鏽的狀況。此外，若是黑鐵以鹽酸製造出粗獷鏽蝕感，最後必須再施作一層透明漆維持最佳的保護性，避免隨著時間持續鏽蝕氧化。

不鏽鋼的可塑性高，可搭配不鏽鋼的結構，相當動感的漆流空間，此外看著商實用性，還外摺疊，呈現各式的室內設計

施工方式

　　不鏽鋼與玻璃混搭，以正常邏輯來說，由於不鏽鋼材質怕刮傷，必須先做玻璃再做不鏽鋼，但如果是玻璃跨在不鏽鋼上的設計，則必須先施作不鏽鋼。而若是鐵件與玻璃混搭的話，如果是採噴漆方式處理的黑鐵，要在油漆工程之前進場，工廠進行的烤漆處理，則可以在清潔工程之前再上。

收邊技巧

　　不鏽鋼與玻璃結合凡是90度交界面處，都是以矽利康做收邊。然而鐵件與玻璃結合同樣也是運用矽利康收邊，不過若是施作為輕隔間設計，鐵件當做結構的話，鐵件可打凹槽讓玻璃有如嵌入，記得凹槽溝縫的尺寸要大於玻璃厚度，空隙處再施以矽利康，整個結構就會很穩固。玻璃厚度可藉由不鏽鋼板或是金屬條作為修飾，若是單價高又較易刮傷的金屬材，一般都會儘量到工程後期再進行。

計價方式

不鏽鋼板又分成毛絲面、亮面、鏡面、鍍鈦，若是簡單且平整的貼飾使用，可用一材計價，以毛絲面和亮面來說，價格大約是NT.400元上下，鏡面、鍍鈦則是雙倍起跳，但假如是不規則且又有弧度的設計，通常會以「一式」做為計價。此外，不鏽鋼板還會有雷射切割、V CUT等加工費用的衍生，其中V CUT是根據需要施作的長度去計價。而一般用於住宅空間的黑鐵，則是依據厚度和後續如噴漆、或是鏽蝕感的質感的加工差異計算，若是單黑鐵的費用，1.0mm每平方約為NT.900元左右。

金屬 × 玻璃

空間應用

打板裁切，訂製不規則隔間

此道電視牆結合書房隔間，以毛絲面不鏽
鋼混搭玻璃，呈現科技感的味道，施作時
先進不鏽鋼，再讓玻璃結構站在不鏽鋼
上，運用不鏽鋼修飾玻璃的厚度，而要形
塑不規則金屬，則是必須藉由打板計算尺
寸、弧度，才能有如此完美的效果。圖片
提供_界陽＆大司室內設計

鐵件玻璃隔間俐落輕透

主臥房運用鐵件、玻璃規劃為輕隔間設
計，將黑鐵噴製成白色光滑面，並利用黑
鐵做比例分割，搭配放玻璃、清玻璃，帶
出視覺層次，施工時先將黑鐵做噴漆焊
接，最後再上玻璃，除了玻璃要鑲嵌進天
花板之外，黑鐵亦有預留凹槽嵌玻璃，加
上每個轉角的矽利康收邊，讓整體結構性
更為穩固。圖片提供_界陽＆大司室內設
計

多材質混搭，
施工順序要注意

做為客廳與書房的隔間，同時亦是玄關入口的端景，扮演
了展示與燈箱的功能，更含括了鐵件、玻璃、人造石、木
地板材質，看似局部懸浮而出的鐵件平台，其實內部具
有長達400公分的結構做為焊接，接著油漆進場將鐵件烤
漆，裝設燈管並封上玻璃，最後再以人造石修飾木作平
台，展現一體成型無接縫的效果。圖片提供_界陽＆大司
室內設計

輕薄鐵件，
穿透延伸空間感

主臥房更衣室的精品展示櫃，以僅僅5mm的鐵件做為主結構，先將鐵件以油漆噴漆處理，再以矽利康固定灰玻璃，不規則且刻意錯落的雙向展示設計，讓櫃體具有變化性，開放的穿透與鐵件的細膩質感，也帶來視覺的延伸。圖片提供_界陽&大司室內設計

毛絲面混搭亮面不鏽鋼，
提升精緻度

電視主牆立面選用毛絲面不鏽鋼材質，轉折延伸成為天花板設計之一，在幅寬150公分的侷限下，設計師轉而以分割密接呈現出如拼貼般的效果，主牆側面更特別選用亮面不鏽鋼做為收邊，質感較為精緻，除側面的玻璃貼膜燈箱之外，正面也結合雷射切割凹槽嵌入壓克力燈盒，下端則是黑玻璃影音櫃，方便直接遙控。圖片提供_界陽&大司室內設計

口字型光溝，
打造時光隧道

私領域的廊道規劃做為瑜珈、音樂、健身等多功能休閒區域，立面以仿石材板為主體，石材的拼貼厚度巧妙利用不鏽鋼修飾，再搭配玻璃與燈光的光溝線條由立面轉折延伸成口字型，加上末端的鏡面，創造出深邃的景深感，也有如進入時光隧道般的趣味效果。圖片提供_界陽＆大司室內設計

多樣材質混搭，
機能更具藝術感

身兼展示隔間的櫃體採取鐵件噴漆，大理石桌面則需先以木作打底做出雛形，木作與鐵件進行結構上的接合，讓石材桌面有如懸浮般的效果，然而桌腳再利用不鏽鋼與玻璃做為支撐，除此之外，更具有LED燈光，由於大理石材怕刮傷，以此設計來說，石材會規劃於工程後期再施作。圖片提供_界陽＆大司室內設計

多樣金屬鏡面，
巧妙隱藏私領域入口

此案為豪宅等級，電視主牆選用造價最高的金屬─鍍鈦，擁有特殊的光澤感，且每一個分割線條也都是暗門，隱藏豐富的收納機能，左側的各式金屬條、玻璃、鏡面構成的牆面，化解單一素材的單調無趣感，一方面則是隱藏私領域入口，玻璃、鏡面的厚度就以各式金屬條做為收邊，呈現約莫1公分左右的立體感。圖片提供_界陽＆大司室內設計

45度玻璃導角，
桌面銜接更完美

訂製毛絲面不鏽鋼作為餐桌骨架，為提升
良好的結構支撐性，不鏽鋼除了與文化石
牆面固定之外，斜面桌腳更固定於地面原
始的RC結構，而玻璃桌面的轉角處則是
透過45度導角合口設計並打入矽利康，如
此一來便可隱藏矽利康的痕跡。圖片提供
_界陽＆大司室內設計

虛實交錯的隔間設計

此為設計公司的樣品屋，客廳沙發背牆運
用不鏽鋼、清玻璃做出虛實隔間的設計，
不鏽鋼板上以去烤漆玻璃變透明玻璃做出
品牌識別，施作上先進行玻璃隔間的設
置，再將不鏽鋼板延伸銜接，修飾玻璃隔
間的厚度，並以矽利康做最後結構接合。
圖片提供_界陽＆大司室內設計

DESIGNER
D A T A

石坊空間設計研究／郭宗翰

　　石坊空間設計研究總監郭宗翰，畢業於英國倫敦藝術大學空間設計系學士，英國北倫敦大學建築設計系，學成後，以建築理論帶入室內空間，開創使用原生材質、結合異材質、空間結構運用等。室內設計發展至今，目前已不特別強調「極簡」，而是在硬體線條的基礎架構下，利用傢具軟裝引入其設計語彙。以獨特的設計觀點在室內空間領域不斷嘗試突破，2010年與被台灣專業空間類雜誌評選為新世代（1971-1980年）當今業界具有特殊意義的室內設計師，在業界持續受到高度矚目。

Ⓐ 台北市松山區民生東路5段69巷3弄7號1樓　　　　Ⓔ info@mdesign.com.tw
Ⓣ 02-2528-8468　　　　　　　　　　　　　　　　Ⓦ www.mdesign.com.tw/#/about_a/

———

禾築國際設計／譚淑靜

　　因為對設計的堅持，一路走來始終熱情；因為女性特有的纖細思慮，得以更周延地關注空間的情感面，因為專業的素養，所以讓設計更存在於無形之中，全都化為舒適的五感體驗。禾築設計的作品與人極佳的辨識度，明亮的採光環境、清新的空氣流動加上質樸的色彩，讓生活表情少了浮誇，多一些實用的機能，同時也讓每一個家更有自己的表情。

Ⓐ 台北市濟南路3段9號5樓　　　　　　　　　　　Ⓔ herzudesign@gmail.com
Ⓣ 02-2731-6671　　　　　　　　　　　　　　　　Ⓦ www.herzudesign.com

森境建築＋王俊宏室內裝修設計工程有限公司／王俊宏

　　以「尊重居住者的生活」做為空間規劃的基礎，擅長以連貫性的設計承載瑣碎的生活機能，引領出當代住宅內斂而沈穩的內涵。除了注重線面的設計外，設計團隊對於住宅光線的明亮關係也相對重視，同時更能精準掌握建材的顏色、紋理、質地，讓居住空間自然人文風采。強調居家規劃應回歸居住者的真正需求與使用習慣，使其住的舒適而自在。

(A) 台北市中正區信義路2段247號9樓　　　　　　　(E) sidc@senjin-design.com
(T) 02-2391-6888　　　　　　　　　　　　　　　(W) www.senjin-design.com

開物設計 Ahead Design ／楊竣淞、羅尤呈

　　有別於主流以風格為設計初始，視每個個案為全新的設計，賦予故事、比例和味道，藉由這彼此並存的關係，塑造出獨具的空間樣貌。

(A) 台北市大安區安和路1段78巷41號1樓　　　　　(E) a.a.cy.ong@gmail.com、
(T) 02-2700-7697　　　　　　　　　　　　　　　　　julia5448@yahoo.com.tw
　　　　　　　　　　　　　　　　　　　　　　　(W) aheadesign.com/

DESIGNER
DATA

雲邑室內設計／李中霖

　　在雲邑設計的空間中可以明顯感受一種劇場性格，其間的創意與衝突每每成為作品中不可獲缺的提味元素，然這些看似極具張力的視覺畫面，透過設計師的整合、平撫後，卻又能轉化為優雅與和諧的氛圍，並成為滲入平凡場景的空間深度與精神意涵，也讓家更耐人尋味。

Ⓐ 台北市中正區羅斯福路3段100號11F-2　　　　Ⓔ st6369@ms54.hinet.net
Ⓣ 02-2364-9633　　　　　　　　　　　　　　Ⓦ www.yundyih.com.tw/

九號設計／李東燦

　　九號設計注重於結合藝術、場所及都市等多重文化議題，依循空間主體性質，演譯空間的自明性。我們認為每個空間應有其自身散發出的一種特有的 表情，這個表情除了建立在對空間組成的基本看法，更重要的是空間本身的使用性質及使用者對於空間的使用態度，如何為屋主打造其專屬特有之住宅空間，是我們最主要的設計理念，不僅是質感的呈現，更重視空間的串聯、配置，以增強家庭成員彼此的互動關係。

Ⓐ 台北市中山區廈江路329號3F　　　　　　　　Ⓔ arc5@ms17.hinet.net
Ⓣ 02-2503-0650　　　　　　　　　　　　　　Ⓦ www.9studio.tw

沈志忠聯合設計／沈志忠

　　1998年畢業於倫敦藝術大學雀爾喜學院，2005年成立建構線設計。沈志忠認為，設計應追求原創，每個案子都應隨著空間、時間與人而發展出不同主題。建構線設計多年來不斷地挑戰自我，也相當重視人與人的交流，以及人與空間之間的關係。主張生活空間不應被表象的機能給制約，而出現阻擋視線的隔牆或閒置空間。在保有寬敞與便利的同時，利用摺疊的概念，將未來的需求愈先納入現有空間；並透過細節的規劃與施工，來展現生活與空間的精緻美感。

A 台北市松山區民生東路5段69巷21弄
14-1號1樓

E ron@x-linedesign.com

W www.x-linedesign.com

T 02-2748-5666

非關設計／洪博東

　　不設限的材料與設計、沒有風格的風格，就是非關設計。主持設計師洪博東畢業於義大利Domus Academy設計學院研究所，曾任誠品書店美術設計、成舍室內設計主任設計師、台北科技大學建築設計系兼任教師。對他來說，每個身分角色都是生活的一部分，缺一不可，生活裡的經歷過程，都是好設計靈感的來源。活著，每件事就是設計，不斷挑戰世俗制約，實驗素材可能性，繼續為每個人創造獨一無二的空間。

A 台北市大安區建國南路1段286巷31號

E royhong9@gmail.com

T 02-2784-6006

W www.royhong.com

DESIGNER
D A T A

近境制作／唐忠漢

　　關於設計師你有什麼見解？有人形容設計師是饒富創意且又理性的藝術家；也有人認為設計師是描繪美好建築與空間的遊吟詩人，然而在唐忠漢眼中設計師更像是導演，如果說空間是一個場景，那麼室內設計就是寫劇本和搭建電影場景的過程，而設計師所做的就是用這一幕幕的空間場景，為屋主說一個關於家的故事，並讓所有人為之感動。

Ⓐ 台北市瑞安街214巷3號
Ⓣ 02-2703-1222

Ⓔ david@msahinet.net
Ⓦ www.da-interior.com/

——

大名設計／邱銘展

　　成立於2013年，承攬業務包括住宅設計、預售屋變更、商業空間設計、辦公室設計、傢飾佈置等，以創新賦予生活美感，實踐對品味的堅持。

Ⓔ jensen.chiu@taminn-design.com
Ⓦ www.facebook.com/taminnDesign

六相設計／劉建翎

　　六相設計擅長重新分配空間格局，將使用行為、習慣合理精準的與空間結合，達到空間使用的最大效益，不刻意堆疊昂貴材料，反能靈活運用原生素材，營造特有的空間氛圍；另外我們更在意生活態度的傳達，透過設計過程，期望同步培養生活質感，讓設計思考更加深入生活。

Ⓐ 台北市大安區延吉街241巷2弄9號2樓　　　　　Ⓔ phase6-design@umail.hinet.net
Ⓣ 02- 2325-9095　　　　　　　　　　　　　　　Ⓦ www.phase6.com.tw/contact.shtm

---

形構設計／方俊能、方俊傑

　　享受設計的過程，勇於創新，喜於多方嘗試各類的設計型態、材質、經過不斷的設計磨合，激發出各種形式的可能性。創新實驗性、型態上的做出合理化。

Ⓐ 台北市士林區磺溪街50巷6號　　　　　　　　Ⓔ morpho0000@gmail.com
Ⓣ 02-2834-1397　　　　　　　　　　　　　　　Ⓦ www.morpho-design.net

DESIGNER
D A T A

尚藝設計／俞佳宏

　　秉持設計的藝術取決於空間動線、收納、實用的便利性與風格的完美結合，與有十多年完整設計、工程經歷，並具備建築物室內設計乙級技術士資格的尚藝設計團隊，事前與屋主充分溝通、細心觀察，為屋主清楚展現專屬的空間性格。同時堅持技術專業第一、服務優先原則，讓打造過程與實品一樣愉悅動人。

Ⓐ 台北市中山區中山北路2段39巷10號3樓　　　　Ⓔ shang885@hotmail.com

Ⓣ 02-2567-7757　　　　　　　　　　　　　　　Ⓦ www.sy-interior.com

——

大湖森林室內設計

　　綠設計、借景以及畸零空間的處理。大湖森林設計將戶外景致延攬入室能在無形中達到放大空間的效果；而畸零、錯層、歪斜的空間在處理上更能表現設計師對空間的敏銳度、掌握度，將空間劣勢轉化成優勢的特長，並藉由綠設計的手法，將光影、風、綠意融入室內環境，使室內空間更加自然、輕鬆、舒壓。

Ⓐ 台北市內湖區康寧路3段56巷200號　　　　　　Ⓔ lake_forest@so-netnet.tw

Ⓣ 02-2633-2700　　　　　　　　　　　　　　　Ⓦ www.lake-forest.com

力口建築／利培安

　　力口建築創立於 2006 年，專研空間本質上的個別性，從環境、人文及材料等方面，細部探討合一的可能性，藉由發展為現代空間的多元性。

Ⓐ 台北市復興南路2段197號3樓
Ⓣ 02-2705-9983

Ⓔ sapl2006@gmail.com
Ⓦ www.sapl.com.tw

—

浩室空間設計／邱炫達

　　由室內設計與平面設計專業人員結合下的產物，不僅具有室內設計的深度，在加上平面設計的美學相佐，量身訂作、因地制宜，與業主的充分溝通，了解生活習慣大小事，進而規劃出最適切的居所。

Ⓐ 桃園縣八德市介壽路1段435號
Ⓣ 03-3679-527

Ⓔ kevin@houseplan.com.tw
Ⓦ www.houseplan.com.tw/

DESIGNER
D A T A

東江齋空間設計／劉宣延

　　設計，它沒有標準答案，但是它有標準流程，了解、感受、相信，再來一起創造屬於您的設計。服務流程包括：諮商溝通、測繪規畫、設計委任、工程階段、驗收交屋等。售後服務針對工程品質提供一年保固，以及定期追蹤關心，永續諮詢及協助維修服務。

Ⓐ 台北市內湖區石潭路27號8樓　　　　　　Ⓔ abcz77@gmail.com
Ⓣ 0918-857-746；02-2793-9726　　　　　　Ⓦ rivercabin-design.com

—

裏心設計／李植煒、廖心怡

　　相信每個空間都有它的屬性，任何一種材料都有它的歸屬，不同題材都會延伸出無限可能。尊重每個人對自己空間的詮釋，並藉由討論找出個人喜好與想法。

Ⓐ 台北市中正區杭州南路1段18巷8號1樓　　　Ⓔ rsi2id@gmail.com
Ⓣ 02-2341-1722　　　　　　　　　　　　　Ⓦ www.rsi2id.com.tw/

KC Desogm Studio ／曹均達、劉冠漢

　　設計不只解決與滿足需求問題，跳脫單純的形式，試圖在不同空間中注入風格味道與潛在概念，讓生活是舒適更是種享受。

Ⓐ 台北市中山區農安街77巷1弄44號1樓

Ⓔ kplusdesign@gmail.com
Ⓦ www.kcstudio.com.tw

無有設計／劉冠宏

　　無特定風格立場，以業主需求（人）、場地環境（地）為思考核心，發展原創設計。結合物理環境、空間合理使用、人體人工學並滿足業主需求，然後以設計手法來融合。

Ⓐ 台北市信義區永吉路30巷177弄36號2樓
Ⓣ 02-2756-6156

Ⓔ info@woo-yo.com
Ⓦ www.woo-yo.com

DESIGNER
D A T A

WW 空間· 設計／王紫沂、吳東叡

　　WW design（ WW 聯合設計事務所）為大璽室內設計及品品空間設計聯合而成立的工作團隊，現以全方位多元的設計面向定位，秉持著設計無界限的理念，設計領域包含住宅設計、商業空間、公共空間及建築外觀設計。不侷限風格特色的空間創作，從極簡到奢華，跨越中西，是WW design無國界無設限，創作力體現的設計宗旨。

Ⓐ 台北市大安區濟南路3段44號2樓　　　　　Ⓔ
Ⓣ 02-2752-2456　　　　　　　　　　　　Ⓦ www.wwdesign.com.tw/

緯傑設計／王琮聖

　　秉持專業的空間規劃設計理念，堅持品質的責任施工態度，給予屋主舒適的居住環境，並強調與屋主之間的溝通，融合使用者的實際需求及品味喜好。

Ⓐ 台北市中華路二段309巷1號4樓　　　　　Ⓔ formrgood@yahoo.com.tw
Ⓣ 02-2309-9498　　　　　　　　　　　　Ⓦ

法蘭德室內設計/系統傢俱／吳秉霖‧Brian

以如何創造出豐富且多元的空間，讓居住者本身與房子產生連結的情感，並傾向從舒適角度和人性機能去詮釋空間的思維，提供屋主的不僅僅是品味的裝潢，更是一個嶄新的生活感受與情感交流。服務項目包括現場諮詢、空間規劃、提供3D彩圖、設計裝修、完工現場照。

Ⓐ 桃園縣八德市中華路33號
　 台中市西區公益路60號

Ⓣ 03-379-0108

Ⓔ m700107@gmail.com

Ⓦ www.facebook.com/friend.interior.design

Material 3X 混材設計學【暢銷更新版】
設計師必備　最潮材質混搭創意 350

作者	漂亮家居編輯部
責任編輯	王玉瑤・楊宜倩
文字採訪	于靜芳・王玉瑤・許嘉芬・陳佳歆・陳婷芳
	覃彥瑄・蔡竺玲・蔡銘江・蔡婷如・鄭雅分
封面設計	莊佳芳
內頁編排	深紫色 Studio
行銷企劃	呂睿穎
發行人	何飛鵬
總經理	李淑霞
社長	林孟葦
總編輯	張麗寶
叢書主編	楊宜倩
叢書副主編	許嘉芬

國家圖書館出版品預行編目（CIP）資料

混材設計學：設計師必備最潮材質混搭創意 350
/ 漂亮家居編輯部著 . -- 二版 . -- 臺北市：麥浩斯
出版：家庭傳媒城邦分公司發行, 2017.04
　面；　公分 . -- (Material ; 3X)
ISBN 978-986-408-269-8(平裝)

1. 建築材料

　　　441.53　　106004671

出版	城邦文化事業股份有限公司 麥浩斯出版
E-mail	cs@myhomelife.com.tw
地址	104 台北市中山區民生東路二段 141 號 8 樓
電話	02-2500-7578
發行	英屬蓋曼群島商家庭傳媒股份有限公司城邦分公司
地址	104 台北市中山區民生東路二段 141 號 2 樓
讀者服務專線	0800-020-299（週一至週五上午 09:30 ～ 12:00；
	下午 13:30 ～ 17:00）
讀者服務傳真	02-2517-0999
讀者服務信箱	cs@cite.corn.tw
劃撥帳號	1983-3516
劃撥戶名	英屬蓋曼群島商家庭傳媒股份有限公司城邦分公司
總經銷	聯合發行股份有限公司
地址	新北市新店區寶橋路 235 巷 6 弄 6 號 2 樓
電話	02-2917-8022
傳真	02-2915-6275
香港發行	城邦（香港）出版集團有限公司
地址	香港灣仔駱克道 193 號東超商業中心 1 樓
電話	852-2508-6231
傳真	852-2578-9337
新馬發行	城邦（新馬）出版集團 Cite（M）Sdn. Bhd.（458372 U）
地址	41, Jalan Radin Anum, Bandar Baru Sri Petaling,
	57000 Kuala Lumpur, Malaysia.
電話	603-9056-3833
傳真	603-9056-2833

製版印刷 | 凱林彩印有限公司　　定價 | 新台幣 420 元
2020 年 2 月二版 4 刷・Printed in Taiwan 版權所有・翻印必究（缺頁或破損請寄回更換）